三维角色动画制作

张兴华　张新鸽 / 编著

清华大学出版社
北京

内 容 简 介

本书基于作者多年的教学实践撰写而成，基于三维动画软件 Maya，通过具体案例将表现动画运动规律的方法及经验融入其中，为读者提供角色动画的制作方法及思路。本书共分为五章，涵盖了动画运动规律的理论内容，以及三维动画的制作流程、Maya 的骨骼绑定、角色动画运动及面部表情运动等角色动画制作案例。每章节都设有本章导读、学习目标、重难点分析及本章小结，从而有利于学生进一步理解章节结构、准确掌握重点及难点知识，快速提升角色动画制作能力。

本书主要作为高等院校动画专业的教学用书，同时也可作为动画制作爱好者的自学参考书、动画制作培训班的教学资料。

图书在版编目（CIP）数据

三维角色动画制作 / 张兴华，张新鸽编著. —北京：清华大学出版社，2022.3（2024.8重印）
ISBN 978-7-302-60156-2

Ⅰ．①三…　Ⅱ．①张…　②张…　Ⅲ．①三维动画软件　Ⅳ．①TP391.414

中国版本图书馆 CIP 数据核字（2022）第 030435 号

责任编辑：邓　艳
封面设计：刘　超
版式设计：文森时代
责任校对：马军令
责任印制：曹婉颖

出版发行：清华大学出版社
　　　　网　　　址：https://www.tup.com.cn，https://www.wqxuetang.com
　　　　地　　　址：北京清华大学学研大厦 A 座　　　　邮　　编：100084
　　　　社 总 机：010-83470000　　　　邮　　购：010-62786544
　　　　投稿与读者服务：010-62776969，c-service@tup.tsinghua.edu.cn
　　　　质量反馈：010-62772015，zhiliang@tup.tsinghua.edu.cn
印 装 者：天津鑫丰华印务有限公司
经　　销：全国新华书店
开　　本：185mm×260mm　　　印　　张：13　　　字　　数：313 千字
版　　次：2022 年 3 月第 1 版　　　印　　次：2024 年 8 月第 3 次印刷
定　　价：69.00 元

产品编号：089347-01

前　　言

随着移动互联网时代的发展，动画视频正受到各行业的广泛关注，动画短片成为媒体宣传的主要形式之一，高等院校也日益意识到培养动画专业人才对文化产业发展的重要性。在应对市场对动画专业人才需求的同时，我们必须关注动画人才的培养现状。本书编者充分考虑了这些因素，详细阐述了三维角色动画的教学内容，结合编者多年的教学经验、大量的课堂实践、丰富的创作经验，形成了灵活且实用的教学方法与原创动画制作案例。希望动画作品弘扬文化自信，传递社会主义核心价值观，传播正能量。培养更多有道德情操、创新精神和国际视野的优秀动画专业人才，为我国动画产业的繁荣和文化事业的发展做出积极贡献。

本书以 Maya 为核心制作软件，将运动规律、骨骼绑定蒙皮等三维角色动画的核心知识点融入其中，通过角色动画案例的系统学习，不仅可以掌握三维角色动画的制作方法，还能进一步理解动画运动规律在三维动画制作过程中的具体应用。

本书的亮点是以动画案例制作为基础，在案例制作的过程中，了解动画运动规律的基本原理，掌握 Maya 动画制作的技术，以培养学生的实际操作能力为主要目标，由浅入深、循序渐进，合理安排知识结构。

本书共有五章，具体内容如下。

第一章为动画制作流程。本章节通过介绍三维动画制作流程，让大家了解三维动画是如何诞生的，并与二维动画制作流程进行比较学习，帮助大家认识和学习三维动画制作与二维动画制作的区别。

第二章为动画运动规律。本章节主要讲述了三维动画制作中动画运动规律的理论内容。在第一章节中已经提到，动画师应具备的最基本的知识便是了解和掌握动画运动规律，因此在第二章中将着重强调和讲解动画运动规律的知识。

第三章为人物角色模型骨骼绑定与蒙皮。本章主要介绍动画人物角色骨骼的绑定与蒙皮制作，动画制作中主要是人物运动以及拟人物的卡通角色运动。本章节内容为本书的重点内容，需要学生重点掌握并充分练习。通过学习，学生需要掌握人物角色的骨骼装配及蒙皮。

第四章为 Maya 动画的制作方法。本章节通过具体案例的学习掌握动画制作的一般方法，熟练掌握 Maya 动画制作技术。

第五章为角色面部表情制作方法。本章节通过介绍角色面部表情的基本原理、Maya软件中表情的制作方法和案例，让同学们在深入了解表情原理的基础上，运用软件工具创作出丰富的动画表情。

本书为郑州大学 2020 年度校级教材建设项目，书中还提供了动画案例演示视频等立体化教学资源，读者可自行扫码获取。

本书由张兴华和张新鸽编著，其中：第一章和第三章由张新鸽老师编写，约 11 万字，第二章、第四章和第五章由张兴华老师编写，约 20 万字，动画制作案例由张兴华老师制作。此外，在编写本书的过程中，清华大学出版社的邓艳老师也提出了很多宝贵的建议，为本书的出版付出了很多的努力。在此，编者对他们表示衷心的感谢。由于作者水平有限，本书难免有不足之处，欢迎广大读者批评、指正。

编　者

2021 年 5 月

目　　录

第一章　动画制作流程

 **本章导读**

本章节通过介绍三维动画的制作流程，让大家了解三维动画是如何诞生的，并与二维动画制作流程进行比较学习，帮助大家认识和学习三维动画制作与二维动画制作的区别。

学习目标

➤　了解三维动画的制作流程。
➤　认识三维动画制作与二维动画制作过程的区别。

重难点分析

重点：了解三维动画制作的基本流程。
难点：认识三维动画制作与二维动画制作的不同点。

第一节　三维动画制作流程

三维动画制作分为前期创作、中期制作、后期合成三个部分。

一、前期准备与设计

前期创作主要包括导演阐述、影片策划、剧本创作、美术设计（造型设计、场景设计和道具设计）、分镜头台本创作，如图 1-1 所示。

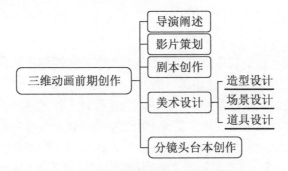

图 1-1　三维动画前期创作的主要工作导图

（一）导演阐述

导演阐述是指为了让制片及制作组了解导演最终想要的是什么样的呈现，通过共同的努力，最终达到什么样的共同目标。其主要包含市场定位、创意思维、故事、美术、场景、造型、音乐、主题曲、音效、配音的整体方向和安排。

（二）影片策划

影片策划是指把控整体的制作流程，使影片能够有效、有序、有力地进行，从而实现最大经济效益。其主要包括影片策划分析、影片制作流程、影片制作周期控制、创意衍生产品。

（三）剧本创作

剧本创作主要包括剧本前期策划、剧本结构分析、剧本修订细节、剧本终稿。

（四）美术设计

1．造型设计

造型设计是指由造型部门与导演讨论后，根据剧本内容要求设计相应的角色。其主要包括造型创意开发、角色造型设计、角色设定、角色细节规范。

2．场景设计

场景设计是指由场景部门与导演组讨论后，根据导演组要求对主要场景、色调进行设计。其主要包括场景概念设计草图、场景线稿图、场景色彩效果图、场景色彩图。

3．道具设计

道具在动画的创作过程中也是不可或缺的一部分，其制作内容与角色造型设计、场景设计类似。其主要包括道具设计概念草图、道具色指定、道具色指定赏析。

（五）分镜头台本创作

分镜头是将文字剧本转变成画面的关键环节，是动画视听语言的文本表现，在整个制作过程中占据着非常重要的地位。其主要包括分镜头台本的讨论、审定与修改、电子动态分镜头修改，最终分镜头台本定稿。

此环节用到的软件包括 Photoshop（PS）、Flash 或 Toom Boom Storyboard 等设计软件，Premiere 或其他剪辑软件。

二、中期制作阶段

二维动画与三维动画的制作流程中，最不同的就是中期制作阶段。三维动画中期制作阶段主要是在 Maya 三维软件中建模型、展 UV、画贴图、绑定、调动画、根据分镜头设置摄像机制作动画预览。随着技术的不断推进，为了提高工作效率，辅助动画制作过程的插件和专用软件逐渐被开发出来，并广泛地应用在中期制作的过程中。例如，在前期建模型时，可以用 Maya 软件制作粗模，也可以直接在 Zbrush 软件中制作模型和雕刻细节；在展 UV 过程中可以直接用 Maya 自带的展 UV 功能进行，特别是在 Maya 2016 版本以后，其自带的展 UV 功能就非常强大了；贴图软件可以用 PS 或者 Substance Painter 等软件，非常方便；绑定可以用 Advanced Skeleton 软件；分镜头的制作可以用 Toon Boom Storyboard 软件绘制。三维动画中期创作工作如图 1-2 所示。

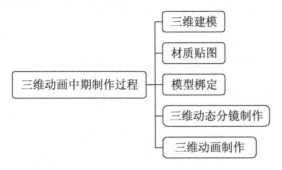

图 1-2 三维动画中期创作的主要工作导图

（一）三维建模（模型师）

三维模型师根据前期美术设计师的设定，包括角色的五视图、表情图、动作图、场景概念图等内容，对角色、场景、道具进行三维建模，即将二维图纸画面用虚拟三维的方式展现出来。根据分工的不同，三维模型师分为角色模型师和场景模型师。

三维模型师要具有较好的空间想象能力、造型能力、结构解剖等相关专业的知识。

在这个阶段运用到的软件主要是 Maya 的模型模块，用来塑造模型的基本型也就是简模，细节可以转到 Zbrush 或者 Mudbox 软件进行雕刻。其中，Zbrush 是非常强大的专业雕刻软件，Mudbox 是 Maya 自带的雕刻插件。

（二）材质贴图（材质贴图师）

三维模型师在建完模型后会将没有任何色彩的灰色模型转交给材质贴图师，这个时候材质贴图师会根据不同角色的服装质量、质感及色彩设定对模型进行上色，相当于二维的涂色环节。经过这个过程，角色才会穿上五颜六色的不同质感的衣服。为了使角色更加逼真地展现在观众面前，材质模型师要在日常生活中多观察生活中的细节，搜集更多的素材，形成自己的素材库，如此才能更加真实地还原物体。

材质贴图师要具有一定的美术功底、审美能力、色彩知识及洞察力。

在这个阶段所涉及的软件通常有 Maya 的材质模块、Photoshop、Substance Painter 等。

（三）模型绑定（模型绑定师）

在模型绑定之前，所有的模型都是不能运动的，而绑定之后就可以用控制器来控制角色肢体，让角色像木偶一样跟着动画师的意愿进行运动。绑定阶段相当于是给模型安装骨骼，然后将骨骼和皮肤形成关联，每一个骨骼外都有便于控制的控制器。

在这个环节中，绑定师要具有解剖学知识，了解生物的运动原理，如此才能准确地添加骨骼。否则，会不利于动画的调整，导致动画效果不理想。

这个阶段经常用到的软件有 Maya 的绑定模块、Advanced Skeleton 等。

（四）三维动态分镜制作

三维动态分镜是将所有模型与场景在素模的情况下进行合成，相当于中期汇报，由导演和制片人对项目进度、片子初步效果等方面进行审核。这样可以尽可能地避免后期重新返工，节约成本。

制作三维动态分镜首先要具有一定的视听语言知识、三维动画制作知识、美术知识等。

这个环节用到的软件有 Maya 的动画模块、Premiere 或者 After Effect（AE）等。

（五）三维动画制作（动画师）

这是三维动画制作过程中的核心环节，通过这个环节所有的角色才被赋予个性和生命，故事才算真正地开始讲述。动画师要根据导演和分镜的指示对每一个镜头的角色进行动画制作。从身体到表情到表演，只有细致入微的生活观察和对角色的深入理解才能制作出一个活灵活现、有生命的动画角色。

动画师需要有一定的表演能力、动画运动规律的知识、三维软件操作能力以及观察生活的本能。

这个环节用到的软件有 Maya 的动画模块。

三、后期渲染与合成

三维动画后期渲染也是在三维软件中进行的，主要包含打灯光、特效、贴材质、渲染。合成在 AE 或者其他后期合成软件中进行，如图 1-3 所示。

图 1-3　三维动画后期创作的主要工作导图

（一）三维特效制作（特效师）

三维模型的衣服、头发、皮肤等部分为了表现得更加真实，需要在特效模块进行计算。例如，衣服的重力感、风力等都要在这个模块进行计算，使之达到更符合观众审美和认知的事物；自然风、雨、水、火等特效也要在这个模块不断地调整参数进行模拟计算。

三维特效师要具有扎实的软件处理能力、理解大自然的运动规律等相关专业的知识。

在这个阶段运用到的软件主要是 Maya 的特效模块、Houdini 特效软件、Nuke 合成软件。

（二）灯光渲染（渲染师）

在动画制作完成之后，渲染师会根据分镜的要求将每一个镜头进行灯光的设置，渲染每个镜头的气氛，使每个镜头根据分镜的要求，表达得更真实，更有感染力。由于这个阶段会将所有中期、后期三维制作的内容进行合成，因此，对电脑的设备配置要求非常高，渲染的时间也会非常长。每个镜头会按照动画制作的长度一帧一帧地进行渲染。

（三）合成剪辑（合成剪辑师）

当所有的镜头都被渲染完成之后，剪辑师会将所有的镜头与声音在后期合成软件中合成、剪辑，这样一部完整的片子就制作完成了。

合成剪辑师一定要具备良好的视听语言知识和镜头节奏感。

第二节　二维动画制作流程

二维动画制作与三维动画制作一样，都分为前期创作、中期制作、后期合成三个阶段。

一、前期准备与设计

前期设计内容基本上和三维动画创作是一致的，主要内容包括文字剧本、角色造型设定、场景造型设定、文字分镜头设计、画面分镜头设计、设计稿。

二、中期制作阶段

二维动画制作中期主要根据前期分镜及设计稿进行手绘动画。手绘动画可以是有纸动画、无纸动画，也可以是二者结合，主要取决于动画风格。按照动画的运动规律，绘制出所有动画内容是二维动画中期制作的主要工作。如果是传统的有纸动画，则主要涉及原画、动画、中间画、动画检查、修形、扫描、上色。中期阶段主要包含构图、原动画制作、场景绘制、描线、扫描、上色。

三、后期合成阶段

后期合成阶段主要是将上好色的场景与填好色的角色序列帧进行动画合成，主要在 AE 等合成软件中完成。后期合成阶段主要包括场景与角色合成、画面和声音合成、剪辑和输出成片。二维动画制作流程如图 1-4 所示。

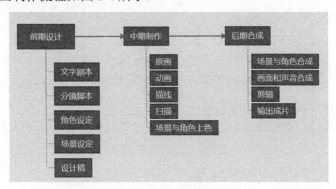

图 1-4　二维动画制作流程

第三节　在 Maya 软件中制作动画的过程

一、建立工程文件

在 Maya 中制作动画，一定要先设置好工程目录，特别是大型项目。因为涉及的团队和成员特别多，就需要有好的文件管理目录和路径，这样在各部门之间分工合作会减少很多麻烦。

建立工程文件的方法：在桌面上双击 Maya 应用程序图标，打开 Maya 应用程序窗口，在菜单栏中选择【文件】|【设置项目】命令，在打开的【设置项目】对话框中完成项目文件的选择，单击【设置】按钮，完成设置。为了使文件不出错，路径中所有文件夹的名字最好是英文，避免出现汉字，如图 1-5 所示。

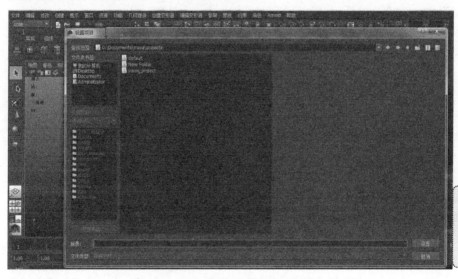

图 1-5　Maya 工程文件设置

二、角色建模和场景建模

选择多边形模块，根据前期的设定进行角色和场景模型的构建。在塑造模型之前，首先，研读设定，比较设定中左右角色的比例关系，以及角色与场景的比例关系。其次，建模时，尽量不要使用过多的线，以免对后期调节动画造成压力。构建的模型不要出现孤立的点、线、面。最后，建模完成后要让组长检查模型是否完善，场景大纲是否处理清楚，如图 1-6 所示。

图 1-6 角色模型案例

三、制作材质和蒙皮绑定

角色模型制作完成之后，接下来要进行制作动画前的蒙皮绑定工作和材质制作工作，如图 1-7 所示。这两个小组可以同时进行，蒙皮绑定工作特别需要耐心和认真，以及对角色骨骼的理解。材质制作工作需要将模型中的每一部分进行 UV 拆分，绘制贴图，如人的五官、衣服的纹理等。

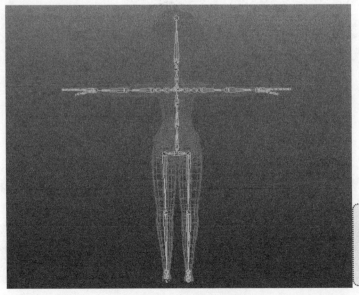

图 1-7 角色模型绑定案例

四、制作三维动态分镜

有了场景和角色的模型之后，根据分镜进行镜头的摄制，这个环节主要是查看调度、角色走位以及动作节奏的衔接，为后边分镜头的制作做指导。

五、制作动画

动态分镜完成之后，动画师会被分配具体的镜头，根据镜头内容调节每一场每一个镜头的动画。如果场景非常大，镜头中的面数多，调节动作时会非常卡，因此，为了保证工作效率，场景一般用简单的几何体代替。当动作调节完成后，再替换成场景。在 Maya 中动画的制作在【动画】模块中进行，如图 1-8 所示。

图 1-8　Maya 动画模块工具栏

六、制作特效

三维特效主要是在【动力学】模块中制作，如图 1-9 所示。这个模块中主要通过粒子、流体、碰撞等来模拟自然物体，如风、火、雨、海、爆炸、烟雾等特效。如果做得好，视觉效果会非常棒，加上后期的渲染，会为镜头增加丰富的内容。

图 1-9　Maya 动力学模块工具栏

七、设置灯光

动画制作完成后，就要给环境打上灯光照明，类比二维动画中的上色、设定光源。Maya 渲染模块工具栏中包含多种灯光类型，如聚光灯、平行光、环境光、点光源、体积光、区域光等，如图 1-10 所示。需要根据分镜的要求进行合适的灯光选择。

图 1-10　Maya 渲染模块工具栏

八、渲染

渲染是三维动画制作中非常重要的环节。最终画面效果的好坏，与渲染效果有直接的关系。Maya 自带的渲染器有 Mental Ray 渲染器，如图 1-11 所示。除此之外，还有其他插件渲染器，如 Arnold、Randerman、Finalrender 等。渲染之前，要先对渲染设置进行参数调节，以保证渲染效果不要太差和输出路径正确。

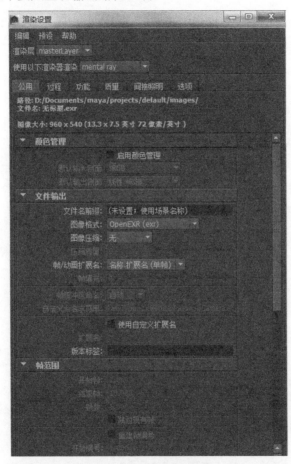

图 1-11　Maya 渲染设置

本章小结

二维动画制作流程与三维动画制作流程在技术和画面风格上有着很大的不同，但是随着科学技术的快速发展，三维与二维的界限也会越来越小。相信在优秀动画人的努力下，动画会越来越丰富而不局限于技术的不同，因为软件只是工具，它最终是为动画本身服务的。

第二章 动画运动规律

 **本章导读**

本章节主要讲述了三维动画制作中动画运动规律的理论内容。在第一章节中已经提到，动画师应具备的最基本的知识便是了解和掌握动画运动规律。因此，在第二章中将着重强调和讲解动画运动规律的知识。

学习目标

➤ 了解动画的基本概念。
➤ 熟悉动画的运动规律。
➤ 掌握动画运动规律的基本原理。

重难点分析

重点：掌握动画的基本运动规律。
难点：理解并掌握动画运动规律的基本原理。

第一节 什么是动画

1. 赋予非生命的物体以生命，即创造生命和性格

这是早期动画媒体区分于其他影视媒体最具特色的特征。它可以通过夸张、想象、嫁接等方式，赋予任何一种原本没有生命的东西个性、情绪、事件……让生活变得更有趣、更多元。

小时候父母给孩子讲故事时运用的想象、夸张、拟人、比喻等方式，童年玩游戏过家家时将玩具娃娃拟人化地说话等，其实都是动画的表现，它通常是讲故事或玩游戏的一部分。

2. 科技的进步推动动画的发展，创造出更逼真的动作表演

传统的二维动画是优秀的动画大师通过有纸动画手绘的办法将动作进行分解，一帧帧地在动画纸上绘制出来，然后扫描到电脑上完成的。尽管也可以制作出许多夸张和自然流畅的动画，但却花费了动画师大量的时间和精力，工作进度也受到影响，进而影响到整个项目的经费。

但是，随着计算机技术以及数字信息化时代的迅猛发展，无纸动画进入动画行业，大

大节约了成本。同时，动画师的创作效率也大幅度提高。三维技术的发展更是将动画的逼真性提到了更高的水平。动作捕捉系统可以直接将真人的表演通过数据导入电脑并应用于角色动画。只要调节好动画关键帧POSE，中间帧动画就可以很快地生成出来，加上细致的调节，可以很好地表现动作的逼真性。

　　然而，技术无论多么发达，它都是用来创作动画艺术的工具，动画的效果还是要取决于动画师的基本素养。了解动画运动规律是动画学习者学习和制作动画的基础。在动画运动规律的基础上进行夸张和想象，才能创作出更加真实的动画。

　　"资深动画艺术家都有观察生活的经验，他们仔细观察身边事物的变化，因为基于对生活的思考和梦想才是动画艺术生命之源。"——贾否《动画概论》

第二节　动画的运动规律

　　动画是"采用逐帧拍摄对象并连续播放而形成运动的摄像技术"。动画的一个特点是运动，这个运动不是画自己在动，而是借助其他的技术工具，再加上人类眼睛自身所具有的视觉暂留的生理特性共同产生的运动影像。动画中的运动不是一张画面的运动，而是许多张差别不大的画面进行组合并连续播放形成的运动影像。它是基于现实运动的分解，又是超越现实运动的再合成。

　　分解运动的前提是对该运动有一个彻底的理解，知道其运动的原因。正像美学思想家爱因汉姆所说："达·芬奇之所以能够创作出绝妙的作品，那是因为他不仅能够彻底地理解他所再现的对象的结构和机能，而且深知如何做到极其有条理地组织复杂的知觉式的缘故。"

　　动画的创作离不开人类的想象。人类的夸张和想象离不开自己生活的环境——地球。最初研究的运动物体都要受到重力的影响。当然，你可以夸张地打破重力、打破常规，但是没有规则，你如何打破规则？

　　因此，接下来，我们讨论一下惯性、质量与运动、作用力和反作用力对物体运动的影响。

一、运动与力

　　牛顿第一定律：一切物体总保持匀速直线运动状态或静止状态，直到有外力迫使它改变这种状态为止。它揭示了力不是维持物体运动的原因，而是改变物体运动的原因。

（一）惯性

　　其中一层含义即是物体总有保持匀速直线运动状态或静止状态的性质，这种性质是物体的一种固有属性——惯性。

　　惯性是动画运动中经常看到的一种现象。物体或者其中一部分的运动或表演动作已经超过了它应该停止的位置，然后折回来返回到那个位置，这就是运动惯性跟随。

　　如图2-1所示，穿着裙子的小女孩本来是向前奔跑的，突然听到后边有人叫她而停了下来，这时裙子就会由于惯性继续向前飘动，这样的动作看起来才是自然的。如果没有这样因惯性而产生的动作，整个裙子的运动就会很僵硬。

图 2-1　惯性运动

（二）质量和运动

牛顿第二定律：物体加速度的大小跟作用力成正比，跟物体的质量成反比，且与物体质量的倒数成正比；加速度的方向跟作用力的方向相同。

牛顿第二定律就为动画运动规律提供了理论依据，在分解不同的物体时，应该考虑绘制对象的质量。如果是质量相同的物体，它的惯性和加速度的大小就与作用力有很大的关系。作用力越大，加速度就越大，速度变化就越大。例如，质量相同的铁球，作用力越大，速度变化得越大。一个棒球手，越用力击球，球所受到的作用力也就越大，加速度也就越大，运动的距离也就越大，如图 2-2 所示。

图 2-2　质量和运动

（三）作用力和反作用力

牛顿第三定律：两个物体之间的作用力和反作用力总是大小相等、方向相反，作用在同一条直线上。动画运动规律同样遵循牛顿第三定律，而且还可以夸张和想象。

如图 2-3 所示是一个角色 A 与角色 B 打斗的镜头运动，角色 A 是打手，角色 B 是被打者，角色 A 力度的大小，通过角色 B 的受力来表现。如果角色 B 表现得特别痛苦，说明角色 A 的作用力非常大，观众可以通过角色 B 的表演直接想象到。如果角色 B 表现得若无其事，那么观众就会感觉角色 A 没有用力。特别是对于年龄小的观众，可以非常直接地从受力者的表演判断作用力的大小。

　　动画的夸张和搞笑也是基于这样的力的原理，如接下来将要讲到的运动的模仿与重塑。

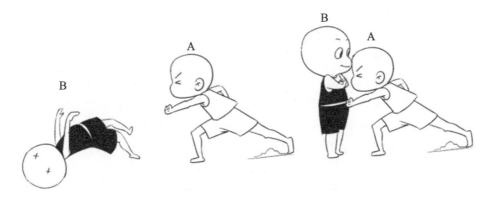

图 2-3　作用力和反作用力

二、运动的模仿与重塑

　　在很多幽默搞笑的动画片中，我们经常会看到这样一些例子，如图 2-4 所示，奔跑的老鼠速度快到只留下速度线和尾气。虽然运用了夸张、比喻的手法，但是在生活中可以找到类似的物体，是基于生活原型的运动，是将快速转动的腿部运动模仿了车轮的运动，也是对运动的重塑。

图 2-4　动画片中的运动形态

　　美国迪士尼早期的动画角色在表演时，四肢就像橡胶管一样柔软，打破了常规有骨骼的四肢，非常富有表演力，很受观众的欢迎。但是这种运动也没有脱离力的作用，没有脱离生活中物体的原型，反而是从一种物体到另一种物体的重塑，也是遵循了橡胶管自身力的运动规律。

　　所以，运动的夸张是基于现实又高于现实的运动。

三、动画运动中的十二条法则

动画运动规律中的十二条法则是迪士尼动画大师经过多年的创作总结出来的经验法则。对于动画创作学习者而言，学习这十二条法则是十分有必要的。

（一）挤压与拉伸

生活中，除了铁球、石头等刚体之外的物体或生命体在与其他物体碰撞或自行运动时，都多多少少会产生挤压和拉伸的现象，也就是压缩与伸展。把这种弹性的特点给予夸张的表现方式，就找到了动画所具有的趣味性。最典型的例子就是弹跳的皮球。

当接触地面时被压缩，压缩的程度可大可小，离开地面时产生拉伸，拉伸时可长可短，在动画中可以根据需要尽情地发挥，如图 2-5 所示。

同样，也可以将这种弹性原理运用到人物和动物角色的表演上，如图 2-6 所示。

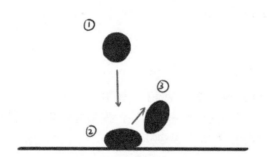

图 2-5　挤压与拉伸

图 2-6　人脸受到物体冲击产生形变

挤压和拉伸的特点如下所述。

（1）让物体发生形变。

（2）发生时间非常短。

（3）能量守恒且体积不变。

在很多动画片中，都会运用到挤压和拉伸的运动规律。这种规律会给人产生视觉上的美感和夸张的快感，如图 2-7 所示，在《猫和老鼠》动画片中，就将挤压和拉伸动作运用得非常巧妙。

图 2-7　《猫和老鼠》中的挤压与拉伸

（二）预备动作和缓冲动作

1．预备动作

预备动作，即在动作发生前准备、积蓄力量的过程。动画中的运动是为了表演，好的表演能够让观众知道角色在做什么。仔细观察生活你会发现，一个人在决定做一件事情之前会有一个思考的过程，这个思考的时间其实也是预备的时间。运动在时间上同样也有这一特点，在运动的方向上则是与主要的运动方向相反。很多学者和动画师将预备动作方向归结为欲上先下、欲左先右、欲前先后等规律。简而言之，就是说预备动作与主动作方向相反，如图 2-8 所示。

图 2-8　预备动作图示

2．缓冲动作

缓冲动作可以看作动量守恒中力量的余波。在日常生活中我们也可以看到很多缓冲动作。例如，在打棒球的时候，你会发现棒球运动员把球扔出去后，身体会继续向前倾斜；人在快速奔跑时，当听到后边有人叫自己，停止奔跑时身体并没有迅速停下来，而是继续向前冲，如图 2-9 所示。

图 2-9　缓冲动作图示

（三）布局

在二维画面当中，构图属于艺术家对画面的布局，在三维动画中同样也有布局，对镜头运动的布局、单个镜头构图的布局、运动镜头的调度布局、镜头中角色表演的布局、光线的布局、角色性格在镜头中的设计等都属于构图布局的内容。

（1）角色造型的布局。动画片中经常会出现两个角色一大一小、一胖一瘦、一高一矮，形成造型上的反差，在镜头中给人一种形象的差异布局，从而产生美感。如图 2-10 所示，动画片《熊出没》中，光头强和熊大在视觉形体上一高一低、一胖一瘦，形成强烈的对比。

图 2-10　动画《熊出没》中的角色塑造

（2）画面构图中的布局。动画中的镜头都是由一张张画面构成的，每张画面中都有一定的构图，镜头中同样有构图，无论是二维动画还是三维动画，镜头构图布局直接影响了镜头画面的美感。如图 2-11 所示，动画片《哪吒之魔童降世》的宣传海报中，哪吒与敖丙的对峙运用对角线的构图形式，带给人强烈的紧张气氛，冷暖色调对比强烈，进一步推动着故事走向高潮。

图 2-11　《哪吒之魔童降世》中的构图布局

（3）光线的布局。光线在布局中的运用是非常常见的，也是非常重要的。如图 2-12 所示为解除封印后的哪吒，其不羁的动作中又展现出坚定的目光，从满天乌云中露出的耀眼光线，进一步烘托出哪吒内心保卫家园的坚定意志。

图 2-12　《哪吒之魔童降世》中的光线布局

（4）镜头组接的布局。故事情节的推动离不开镜头的组接运用。根据切换镜头的原理，在画面中形成布局。如图 2-13 所示，下边四个镜头在切换时，角色的站位总是保持一致，保持布局的一致性，以便观众能更清楚地理解角色之间的位置关系，避免产生混乱感。

图 2-13　《千与千寻》中的镜头组接布局

（5）角色场面调度的布局。一个好的镜头，能够给角色充分的表演空间，场面调度则能够充分表现画面镜头的空间感，让观众透过二维的平面感受动画中无限的空间感。如图 2-14 所示，《魔女宅急便》动画片中的这个镜头，在前几帧时，画面中只有小魔女琪琪和小猫站在画面前边，整个构图通过透视变化来体现空间感，并没有那么强烈。然后，导演很巧妙地通过汽车的运动和行人的调度传达给观众新的空间感，一个是前后空间的深度，一个是上下的高度，瞬间将整个镜头的画面空间拓展开来。

图 2-14　《魔女宅急便》中的角色场面调度布局

（四）连续动作和关键动作

1．连续动作

连续动作就是动画师按照动作运动规律从第一张连续不断地画到最后一张。在《动画师生存手册》中提到："这样的优势是动作连贯自然、有即兴创作的活力、很有创意、自然流畅、顺其自然，会产生惊喜和魔法般的效果，很好玩等。但是其缺点更多，如容易出现散漫的情况，时间拉长，人物会由大变小，可能偏离镜头的要点，无法准确把握具体的时间和位置……"如图 2-15 所示，早期的动画短片《恐龙葛蒂》就是这样创作出来的。

图 2-15　动画片《恐龙葛蒂》中的连续动作

2．关键动作

关键动作是先将动作的关键节点绘制出来，再通过中割的形式把关键帧串联起来，如图 2-16 所示。在《动画师生存手册》中提到："其优势是清晰，场景的要点简洁明了，构图好、精确、有逻辑性，画面优美、位置清晰准确，在时间分配上井然有序，动作发生的时间和地点把握准确，效率高，可以省下时间做更多的场景，动画师也能保持清醒……缺点相对较少，如失去流畅性，动作有可能晃动、不够自然，如果加入重叠动作进行修改会使动作变得软绵绵，没有新奇感，魔力消失等。"

图 2-16　关键动作

最好的创作方法应该是结合自己的创作内容，合理地利用两种创作方法。

（五）跟随与重叠

跟随和重叠动作在 S 形曲线运动中是普遍存在的，就像人在有气无力地行走时，手臂下垂且随着上身的摇摆跟着摇摆；又如人在甩鞭子时，手握鞭子的地方先动，鞭尾会随着手的运动跟着运动；再如地面上躺着的人被扛起时，无力的手臂会随着上身的运动而运动。跟随动作是指如动物耳朵、衣服、毛发等在角色无意识控制下的自然飘动或延迟动作的物理现象。

动作重叠则是指角色肢体各部位在表演动作过程中的时间差。比如，我们在反应背后召唤的声音时，我们可能会先动眼睛，再转回头，头转到一半时再转动肩膀。总之，动作跟随与重叠是活化动画角色极其重要的观念。

（六）慢入、慢出

自然界中生物的动作或其他现象都极少有等速运行的状态，单单就人的肢体动作而言，要是都以等速进行，看起来就比较像机器人而不像人了。在镜头的动作表现上也应该特别注重此原则。

（七）动作弧线

所有的有机生命体的运动都是以弧线的路径方向运动的，直线的运动方式大概是属于机器人的专利吧。

（八）次要表演动作

次要表演动作就是在主要表演动作外的有助于表现角色内心状态或角色个性的额外肢体表演动作。比如，角色在与他人谈话时手指敲打着桌面，可能就明白地透漏了角色的不耐烦。恰当的次要动作可以使角色更具生命，但切勿使用无意义或抢了戏的次要动作，如超人飞在空中突然抠鼻孔……

（九）时间与间距

好的时间是指看起来生动、有趣、自然的速度感，当然还是要考虑在这个间距与时间表演是否符合，这是动画师经年累月所追寻的。动画师经常要问自己："我用了恰当的时间、帧数来表现这个动作了吗？是不是太快了？还是太慢了？"

（十）夸张化

动画或戏剧表演并非单是反映现实世界，而是汇集了人生中的各种高潮与意外的可能性，有时往往更能表现人生中不可能发生的事。

尤其是动画片的肢体表演方式更为宽广，细致时可以非常细致，夸张时则可以飞天遁地，无所不能。就一般而言，动画表演更近似早期的默片。卓别林的默剧是很好的学习对象。

（十一）好的角色姿态

生动、有趣、自然的角色姿态是良好表演的要素之一，如图 2-17 所示。

图 2-17　角色姿态案例（Comic Studio Paint 官方素材）

（十二）讨喜、引人认同的表演

我们的动画角色应该具有吸引观众的独特个性和外表。当观众看到角色的表演时会不会给他们留下深刻的印象，这往往取决于动画设计师在造型上是否有独特之处，表情上是否富于变化，动作表现上是不是有活力，等等，以及一切可以抓住观众目光的元素。总而言之，动画的角色与真人表演一样要"演什么像什么"。

本章小结

无论是二维还是三维动画的创作都离不开基本的运动规律，动画运动只有遵循动画运动规律才能使所有动画角色运动起来、鲜活起来。

第三章　人物角色模型的骨骼绑定与蒙皮

 **本章导读**

本章主要介绍动画人物角色骨骼的绑定与蒙皮制作，动画制作中主要是人物运动以及拟人物的卡通角色运动。本章节内容为本书的重点内容，需要学生重点掌握并充分练习。通过学习，学生需要掌握人物角色的骨骼装配及蒙皮。

学习目标

➢　熟练掌握人物角色骨骼绑定与蒙皮的方法。
➢　熟练运用骨骼绑定工具以及绘制蒙皮工具。
➢　理解并掌握角色蒙皮权重的导入和导出以及镜像复制蒙皮权重的技巧。

重难点分析

重点：掌握人物角色骨骼绑定及蒙皮的方法和技巧。
难点：熟练运用手动绑定的方法进行绑定。

第一节　人物角色头部骨骼设置

一、导入模型

（一）打开模型/导入

1. 打开程序

在桌面上双击 Maya 应用程序图标，或者在桌面【开始】菜单中，单击 Maya 应用程序图标，打开 Maya 应用程序窗口，如图 3-1 所示。

2. 打开场景

在菜单栏中选择【文件】|【打开】命令，在打开的【打开】对话框中选择想要导入的文件，如图 3-2 所示。

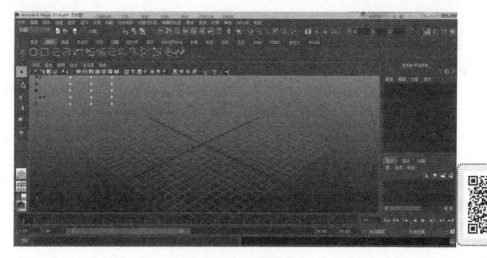

图 3-1　Maya 界面

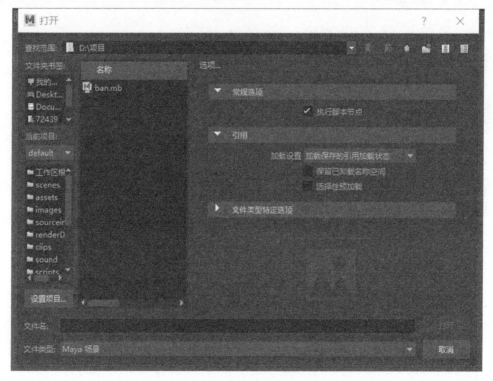

图 3-2　打开场景

注意：如果是项目文件，最好先设置好工程目录，并保证路径为英文，以免在以后的制作中出现问题。设置工程目录的方法：选择【文件】菜单下的【设置项目】，再选择指定路径，最后进行设置路径。这样，以后每次打开文件都会是这个路径，也方便整体移动文件，防止文件丢失。

3. 导入 OBJ 模型

（1）如果模型不是 .ma/.mb 类型的文件，则需要通过导入的方式，或者直接拖到场景中打开模型，如图 3-3、图 3-4 所示。

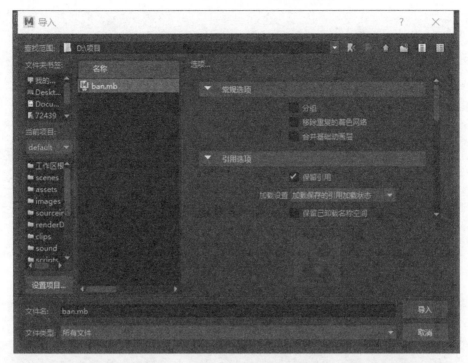

图 3-3　导入文件

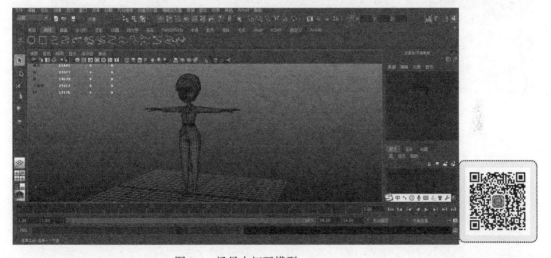

图 3-4　场景中打开模型

（2）在菜单栏中选择【文件】|【导入】命令，在打开的【导入】对话框中完成模型文件的选择，单击【导入】按钮，打开指定文件。

4．场景清理

（1）检查模型。模型整体布线应匀称，有疏有密，结构合理，线与线的距离均匀，结构线走向明确，如图 3-5 所示。

图 3-5　检查模型

（2）在关节部位必须有足够且匀称的布线，以保证蒙皮后动作对模型变形的要求，如图 3-6 所示。

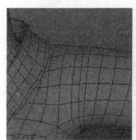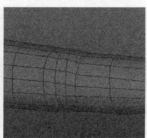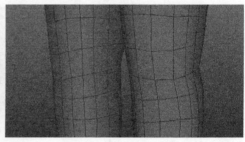

图 3-6　检查布线

（3）在角色手腕、手肘、肩膀等关节处至少要有三根环线，这样才能在关节处做到弯曲，如图 3-7 所示。

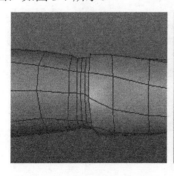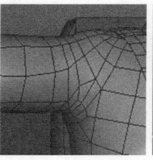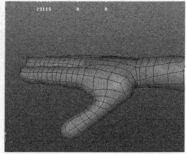

图 3-7　关节处布线

（4）角色面部必须都是四边面的布线规律，其他部位和结构位置相同，尽量不要出现三角面。

（5）模型不要有错误的点线面和边缘线，更不要有死边和重叠面，法线方向要统一。

（6）眼皮与眼眶的布线一定要有通透的圈线，嘴唇到脸部的布线也要是圈线的布线规律，并且不能有三角面和五边以上的面存在。

（7）角色的面部中两个眼眶与嘴巴要能形成三个大圆圈的布线规律，眼部周围呈现3个圈和8个点，如图3-8所示。

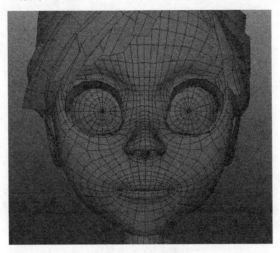

图3-8　面部布线

（二）模型大小及其他规范

1．调整单位

模型制作后必须要检查自己的软件尺寸是否和项目要求一致，一定要根据项目要求做出规定大小的模型，以保证整体的尺寸比例协调。

2．匹配比例

真人角色要以1∶10的比例匹配角色高度，如真实人物1.8 m，角色高度18 cm。

3．检查UV

检查模型UV，确定UV能够舒展，格子均匀，不能出现拉伸，否则在绘制贴图时影响后期效果。

（三）检查大纲

1．整理组

在完成模型制作后必须保证所有的模型都在一个规范的大组里，即删除不必要的组。

2．不能合并的部分

完成的模型的独立部位尽量不要合并在一起，以免造成麻烦。

3．规范命名与格式

模型的每个部位以及每个相对单独的子物体和组等都必须有规范的命名且格式相同。

4．坐标中心

模型制作完成后，必须保证最大的组的中心在坐标中心且所有模型都在坐标系上方。

5．属性清零

模型在提交前必须检查所有模型的组及模型物体是否所有属性为0，如图3-9所示，并且要删除历史，除最大组外所有模型部分、部件都必须坐标归中心。最后冻结属性，再次删除历史，优化场景大小。

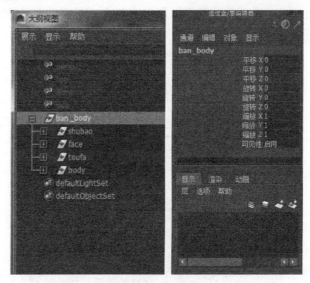

图 3-9　检查属性

（1）坐标归中心：在菜单栏中选择【修改】|【居中枢轴】命令。

（2）冻结属性：在菜单栏中选择【修改】|【冻结变换】命令。

（3）删除历史：在菜单栏单击【编辑】按钮，选择【按类型删除】|【历史】命令。

（4）优化场景：在菜单栏中选择【文件】|【优化场景大小】命令。

二、头部骨骼搭建

（一）头部根骨骼的搭建

在工具栏中将默认的【建模】模块更改为【动画】模块，在【动画】模块的菜单栏中选择【骨架】|【关节工具】命令，进行关节创建，如图 3-10 所示。

图 3-10　关节工具

（二）头部骨骼侧视图的搭建

从脖子上部根部开始建根骨骼，分别在口腔根部、头顶建子骨骼，如图 3-11 所示。

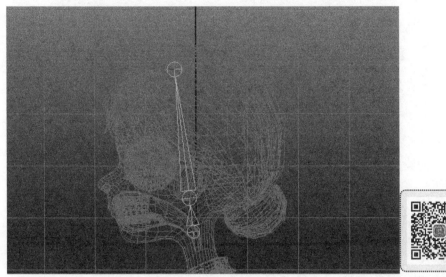

图 3-11　建立子骨骼

（三）调整骨骼大小

在菜单栏中选择【显示】|【动画】|【关节显示比例】命令，更改数值，单击【关闭】按钮，完成骨骼大小调整；或者在 Maya 应用程序右侧菜单中选择【通道】|【半径】命令，单击【半径】按钮后方的数值输入处，修改半径数值，如图 3-12 所示。

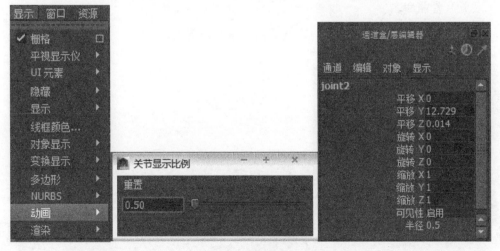

图 3-12　修改半径

（四）嘴部骨骼的搭建

再搭建下颌骨骼，按 W 键切换为移动工具，按 D 键后拖动鼠标左键可以移动骨骼中心轴位置，再次按 D 键完成中心轴位置设置，如图 3-13 所示。

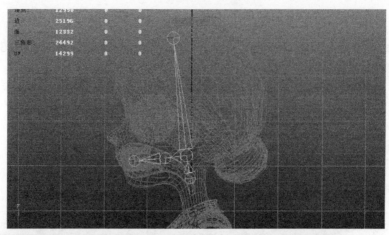

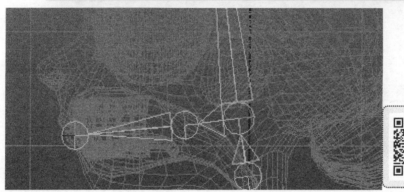

图 3-13　移动骨骼

（五）骨骼命名

搭建完成后，合理命名骨骼，方便后期工作，如图 3-14 所示。

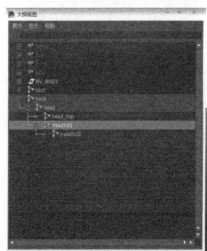

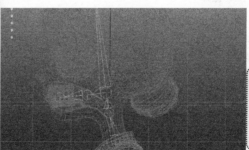

图 3-14　骨骼命名

第二节　人物角色身体的骨骼搭建

一、躯干骨骼的搭建

同绘画一样，重心是构建人物骨骼的重要参考。为方便动画部门及其他程序的制作，人物角色的骨骼是从重心处开始搭建的。在创建骨骼之前，我们需要在 Maya 应用软件右下菜单盒中单击【显示】|【层】|【创建空层】按钮，创建两个图层，并且分别重命名为模型层（Model Layer/ML）和控制层（Control/Ctrl）。选择模型层左侧按钮，更改为 V 和 T 或者是 V 和 R，进行图层冻结，避免搭建骨骼时选择到模型，如图 3-15 所示。

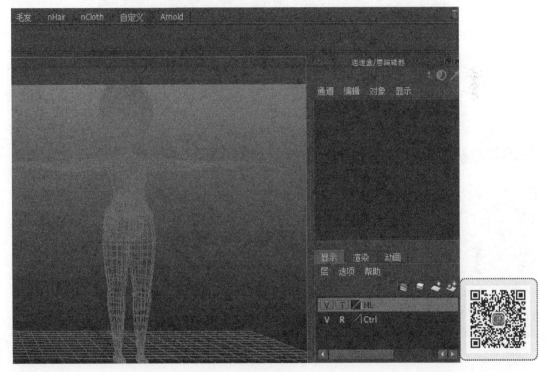

图 3-15　冻结模型

（一）打开动画模块

在工具栏中将默认的【建模】模块更改为【动画】模块，如图 3-16 所示。

图 3-16　动画模块

（二）创建骨骼

长按空格键出现空格键热盒，拖动鼠标左键至【侧视图】处，将视图切换为侧视图，在侧视图中创建躯干，如图 3-17、图 3-18 所示。

图 3-17　切换视图

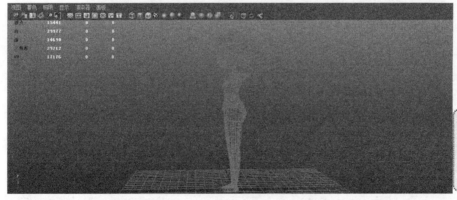

图 3-18　侧视图

在视图菜单的工具栏中关闭网格，如图 3-19 所示。

图 3-19　关闭网格图标

（三）搭建骨骼

在菜单栏中选择【骨架】|【关节工具】命令，在模型上依据人体脊椎生长形状，从下往上搭建 5 根骨骼，并依次将骨骼命名为 ROOT、Spine_lower、Chest、Suogu、neck_lower，如图 3-20 所示。

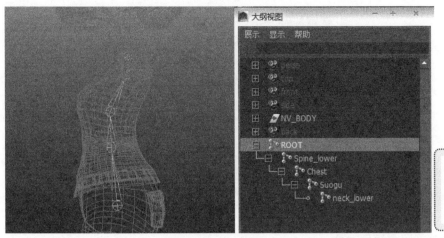

图 3-20　骨骼命名

（四）调整骨骼大小

选择【显示】|【动画】|【关节显示比例】命令，在打开的【关节显示比例】对话框中更改关节大小，或者直接在 Maya 应用软件右侧的【通道】栏中修改半径，如图 3-21、图 3-22 所示。

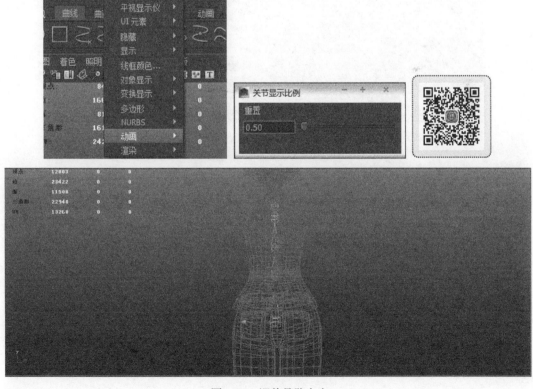

图 3-21　调整骨骼大小

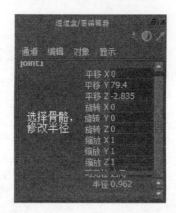

图 3-22　利用【通道】栏修改半径

（五）调节骨骼与模型对位

方法一：按 Insert 键，拖动鼠标左键调整骨骼轴心点位置，调整完成后再次按 Insert 键，停止修改骨骼轴心点位置。

方法二：长按 D 键，拖动鼠标左键调整骨骼轴心点位置，调整完成后松开 D 键，停止修改骨骼轴心点位置，如图 3-23 所示。

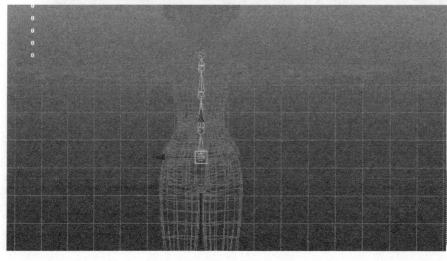

图 3-23　调节骨骼与模型对位

二、腿部及脚部骨骼的搭建

（一）准备工作

长按空格键出现空格键热盒，拖动鼠标左键至【侧视图】处，将视图切换为侧视图，如图 3-24 所示。

图 3-24 切换到侧视图

（二）骨骼的搭建

在侧视图中，从大腿根部自上而下创建 6 根骨骼，依次命名为大腿（thigh）、膝盖（knee）、脚踝（ankle）、脚掌（foot_middle）、脚趾（toe）、脚跟（heel），如图 3-25、图 3-26 所示。

注意：膝盖的位置应该与大腿形成弯曲向外的形状，便于运动。

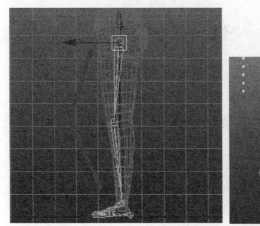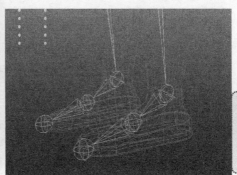

图 3-25 腿、脚部骨骼

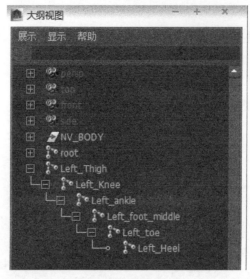

图 3-26　骨骼命名

（三）调整骨骼

　　长按空格键出现空格键热盒，拖动鼠标左键至【前视图】处，将视图切换到前视图，如图 3-27 所示。

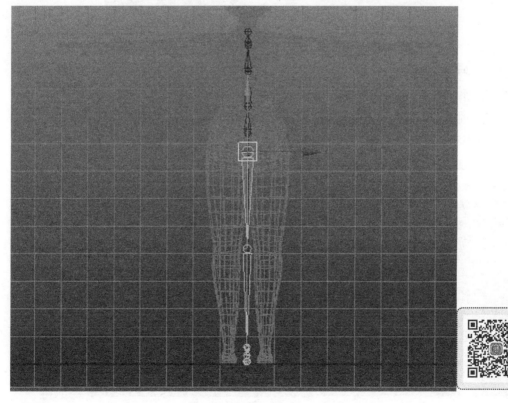

图 3-27　切换视图

长按方向键移动骨骼到左侧位置，如图 3-28 所示。

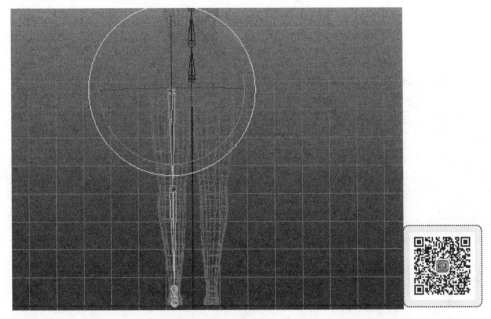

图 3-28　移动骨骼

（四）微调

若骨骼位置和模型产生错位，可以用旋转工具对骨骼位置进行适当调整。

三、手臂骨骼的搭建

（一）搭建手臂

长按空格键出现空格键热盒，拖动鼠标左键至【前视图】处，将视图切换到前视图，搭建手臂骨骼。长按 Shift 键使创建骨骼处于同一水平线上，从锁骨处依次按照模型人体骨骼位置搭建锁骨骨骼（root）、肩骨骼（shoulder）、手臂骨骼（arm）、肘骨骼（elbow）及腕骨骼（hand），如图 3-29 所示。

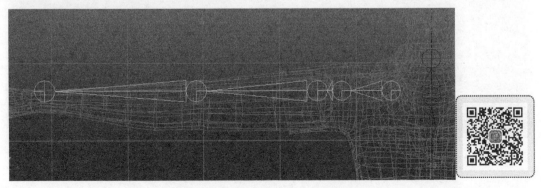

图 3-29　搭建手臂

（二）顶视图调整

长按空格键出现空格键热盒，拖动鼠标左键至【顶视图】处，将视图切换到顶视图，单击骨骼，在移动工具下拖动鼠标左键调整手臂骨骼的位置，手肘处应向外弯曲，方便以后做动画，如图 3-30 所示。

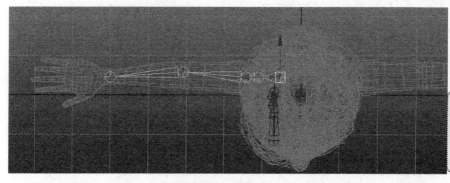

图 3-30　顶视图

（三）搭建手指

手指是骨骼比较多的部分，需要认真调整。与前边的步骤一致，先从手指根部向指尖方向构建骨骼，搭建指关节，如图 3-31、图 3-32 所示。

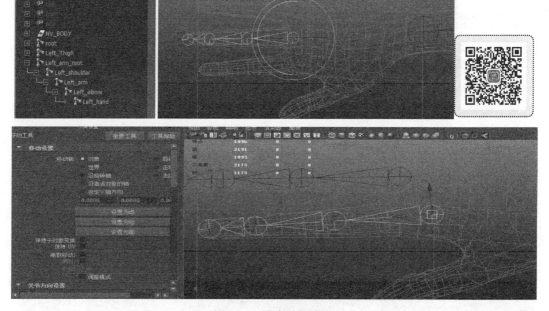

图 3-31　搭建手指骨骼

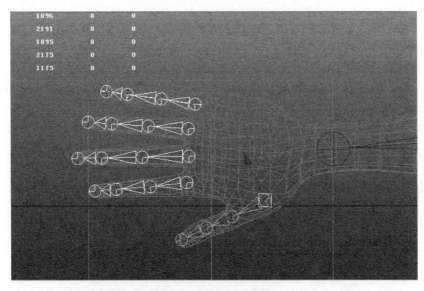

图 3-32　调整手指骨骼

（四）手指与手腕父子关系的建立

调整好位置之后选择 5 根手指的根关节与手腕建立父子关系。选中 5 根手指的根关节再加选手腕关节按 P 键建立父子关系（按 Shift+P 组合键断开父子关系），如图 3-33 所示。

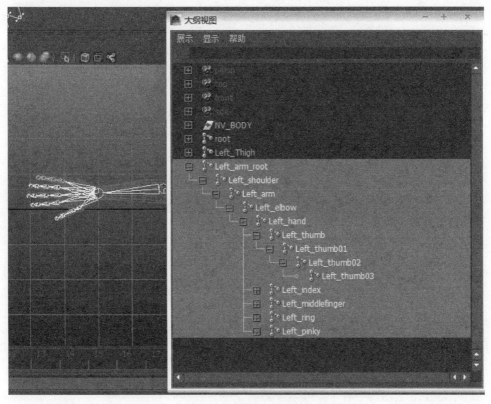

图 3-33　构建父子关系

四、骨骼镜像

在工具栏中选择【骨架】|【镜像骨骼】|【镜像关节选项】命令，在打开的【镜像关节选项】对话框中设置镜像平面为 YZ，搜索为 Left，替换为 Right。选择镜像命令，将左手臂镜像到右手臂（注意：Left 大小写一定要与初次命名时的大小写对应），如图 3-34～图 3-36 所示。

图 3-34　镜像关节选项设置

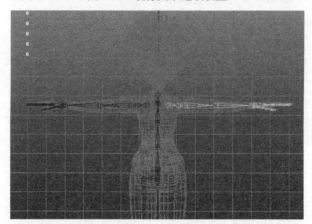

图 3-35　镜像关节

图 3-36　镜像关节命名

　　为了让角色有扭动臀部的动作，也可以在身体的根骨骼的部位再创建一个根骨骼，控制两个大腿骨骼，如图 3-37 所示。

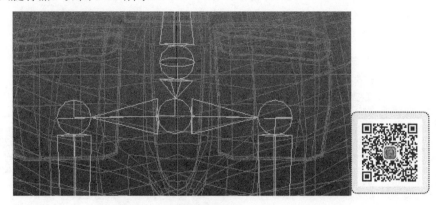

图 3-37　臀部骨骼搭建

　　同样操作将腿部、脚部骨骼镜像复制到右侧，骨骼分布效果如图 3-38 所示，由此，第一步骨骼创建和定制骨点完成。

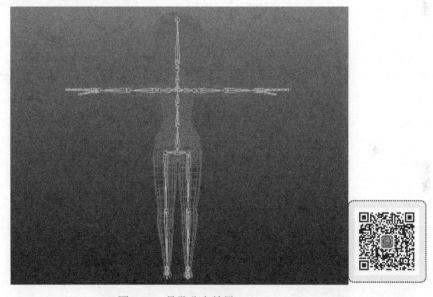

图 3-38　骨骼分布效果

第三节　骨骼控制器制作

一、腿部及脚部控制器的创建

（一）创建腿部 IK

　　长按空格键出现空格键热盒，拖动鼠标左键至【侧视图】处，将视图切换为侧视图。

在菜单栏中选择【骨架】|【IK 控制柄工具】命令，在打开的对话框中，将当前解算器更改为旋转平面解算器，选择【关闭】命令结束设置，如图 3-39 所示。

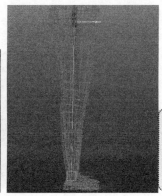

图 3-39　创建腿部 IK

1．创建大腿根部 IK

长按空格键出现空格键热盒，拖动鼠标左键至【侧视图】处，将视图切换为侧视图。在菜单栏中选择【骨架】|【IK 控制柄工具】命令，依次单击根骨骼 Right（Left）_Thigh 及 Right（Left）_ankle，创建腿部 IK，命名为 ikHandle1。

2．创建脚部 IK

长按空格键出现空格键热盒，拖动鼠标左键至【侧视图】处，将视图切换为侧视图。在菜单栏中选择【骨架】|【IK 控制柄工具】命令，依次单击 Right（Left）_ankle 和 Right（Left）_foot_middle 创建第二个 IK，命名为 ikHandle2。依次单击 Right（Left）_foot_middle 及 Right（Left）_toe 创建第三个 IK，命名为 ikHandle3，对 ikHandle2 与 ikHandle3 进行打组（按 Ctrl+G 组合键），便于控制脚部的运动。

3．将控制器打组

在菜单栏中选择【窗口】|【大纲视图】命令，在打开的【大纲视图】界面中选择 ikHandle1 进行打组（按 Ctrl+G 组合键），并重命名为 heel_ik，运用 heel_ik 控制器控制脚跟的抬起和放下。接着按 W 键切换为移动工具，按 D 键后长按 V 键，拖动鼠标左键将 heel_ik 控制器中心轴位置移动到脚掌中心，如图 3-40 所示。

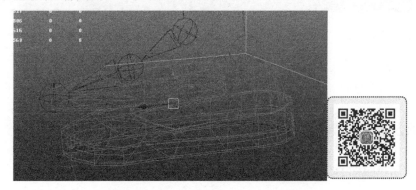

图 3-40　脚掌中心骨骼

4．建立 toe_ik

在菜单栏中选择【窗口】|【大纲视图】命令，在打开的【大纲视图】界面中选择 ikHandle1 和 ikHandle2 进行打组（按 Ctrl+G 组合键），并重命名为 toe_ik，运用 toe_ik 控制器控制脚趾的抬起和放下，如图 3-41 所示。

图 3-41　骨骼打组

5．建组 foot_round_ik

在【大纲视图】中选择 heel_ik 组与 toe_ik 组，再次打组（按 Ctrl+G 组合键），重命名为 foot_round_ik，运用 foot_round_ik 控制器控制脚掌的抬起和放下、旋转以及脚跟的移动，如图 3-42 所示。

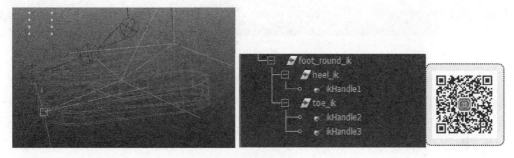

图 3-42　脚部骨骼

6．建组 zong_ik

选择组 foot_round_ik 打组（按 Ctrl+G 组合键），重命名为 zong_ik。按 W 键切换为移动工具，按 D 键后长按 V 键，拖动鼠标左键将 zong_ik 控制器中心轴位置移动到脚踝，如图 3-43 所示。

图 3-43　脚踝骨骼

7. 创建曲线控制器 foot_ctrl

在工具栏中选择【曲线】命令，选择【圆形】曲线控制器，重命名控制器为 foot_ctrl。选择 zong_ik 组并加选曲线控制器 foot_ctrl，按 P 键建立父子关系，如图 3-44 所示。

图 3-44　创建曲线

（1）选择圆形曲线，长按空格键出现空格键热盒，拖动鼠标左键至【顶视图】处，将视图切换为顶视图。按 W 键切换为移动工具，将曲线位置移动到脚掌底部，如图 3-45 所示。

选择曲线，在菜单栏中选择【修改】|【冻结变换】命令，使通道盒中的数据归零，如图 3-46 所示。

图 3-45　曲线位置　　　　　　　　　　　　图 3-46　冻结属性

（2）在菜单栏中选择【窗口】|【大纲视图】命令，在打开的【大纲视图】界面中选择 zong_ik 组并加选 foot_ctrl 组，按 P 键建立父子关系。

（3）选择 foot_ctrl 曲线控制器，在 Maya 应用程序右侧通道栏中，选择【编辑】|【添加属性】命令，在打开的【添加属性】对话框中更改长名称为 heel，数据类型为浮点型，数值属性的特性中最小值为 0，最大值为 6，默认值为 0，如图 3-47 所示。

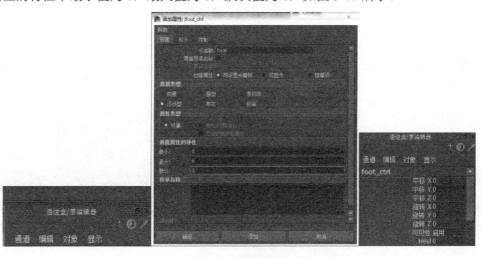

图 3-47　添加属性

（4）创建驱动关键帧。在工具栏中选择【动画】模块后，在菜单栏中选择【动画】｜【设置受驱动关键帧】。在【大纲视图】中选择曲线 foot_ctrl，在打开的【设置受驱动关键帧】对话框中单击【加载驱动者】按钮，再在【大纲视图】中选择 heel_ik，单击【加载受驱动项】，如图 3-48、图 3-49 所示。

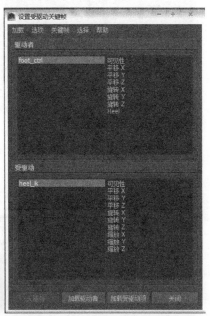

图 3-48　设置受驱动关键帧　　　　　　　　　　图 3-49　加载驱动者和受驱动项

（5）单击驱动者右侧栏中的"Heel"，然后选择受驱动右侧栏的"旋转 X"，在默认值为 0 时，单击【关键帧】按钮。此行为的目的是让曲线控制器中的 Heel 功能控制 heel_ik 中的旋转 X 方向，如图 3-50 所示。

图 3-50　曲线控制器中的 Heel 功能控制

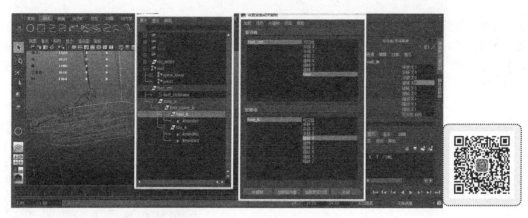

图 3-50 曲线控制器中的 Heel 功能控制（续）

（6）选择 foot_ctrl 控制器，在菜单栏中选择【动画】|【设置受驱动关键帧】，在打开的【设置受驱动关键帧】对话框中单击 foot_ctrl 通道栏中的 Heel 属性，并将数值改为 6，在场景中旋转 X 轴调整位置，随后单击【关键帧】按钮，如图 3-51 所示。

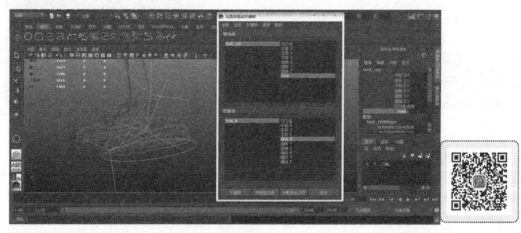

图 3-51 旋转 X 轴调整位置

此时，曲线控制器 foot_ctrl 中就多了一栏可以控制脚跟抬起运动的属性，如图 3-52 所示。

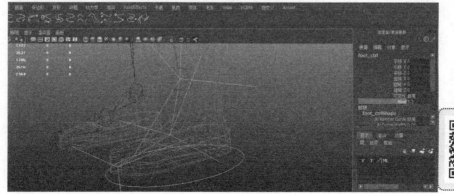

图 3-52 脚跟抬起运动的属性

（7）同理，为曲线控制器 foot_ctrl 依次添加属性，分别命名为 Toe、Footup、Footround、Footmove，以控制脚趾头、脚掌、脚部左右转动和脚跟移动，最终效果如图 3-53 所示。

图 3-53　最终效果

（二）建立膝盖旋转控制

膝盖的控制对动画有一定的作用，当脚抬到水平高度并左右移动时，会发生错误的反转。膝盖的旋转对塑造动画角色性格也是非常重要的。

1. 创建腿部控制器

长按空格键出现空格键热盒，拖动鼠标左键至【后视图】处，将视图切换为后视图。在工具栏中选择【曲线】命令，选择【圆形】曲线控制器，长按 V 键并拖动鼠标左键将曲线的控制器中心轴轴心吸附在左边膝盖骨正前方适合选取的位置，松开 V 键完成修改。然后在菜单栏中选择【修改】|【冻结变换】命令，将【圆形】曲线控制器属性值变为 0，并重命名为 Right_knee_ctrl，如图 3-54 所示。

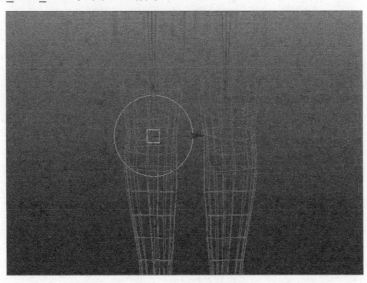

图 3-54　创建圆形曲线

2．极向量约束

选择 Right_knee_ctrl 曲线，如图 3-55 所示。

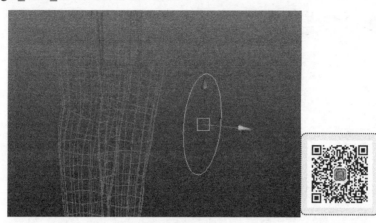

图 3-55　圆形曲线位置

加选脚踝骨上的 IK 手柄，在菜单栏中选择【约束】|【极向量】命令，在打开的【极向量约束选项】对话框中将权重数值改为 1，如图 3-56 所示。

图 3-56　极向量约束

为了使膝盖极向量跟随着腿部运动，可以选择膝盖控制器 Right_knee_ctrl 并加选脚部控制器 foot_ctrl，按 P 键建立父子关系，如图 3-57 所示。

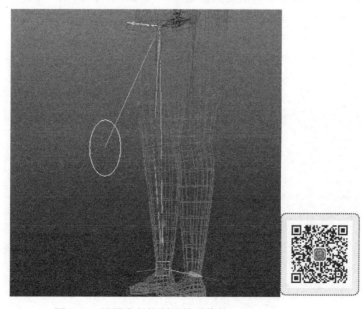

图 3-57　设置脚部控制器的子物体

二、手臂控制器

（一）创建 FK 手臂控制器

1. 创建曲线 Left_shoulder_ctrlcircle03（此命名采用镜像位置命名，下同）

长按空格键出现空格键热盒，拖动鼠标左键至【前视图】处，将视图切换为前视图。在工具栏中选择【曲线】命令，选择【圆形】曲线控制器，重命名新的曲线控制器为 Left_shoulder_ctrlcircle03，如图 3-58 所示。

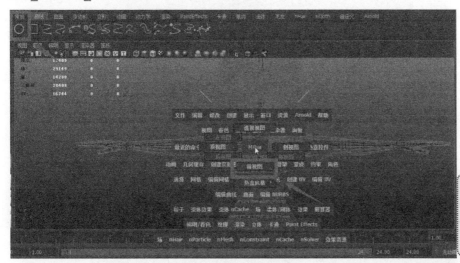

图 3-58　创建曲线

按 E 键切换为旋转工具，同时拖动鼠标左键，旋转曲线控制器 Left_shoulder_ctrlcircle03，如图 3-59 所示。

图 3-59　肩部骨骼曲线位置

按 W 键切换为移动工具后，长按 V 键并拖动鼠标左键，将曲线控制器 Left_shoulder_ctrlcircle03 的中心轴移动到肩部骨骼处。在菜单栏中选择【修改】|【冻结变换】命令，再

选择【编辑】|【按类型删除】|【历史】命令。

2．创建曲线 Left_shoulder_ctrlcircle02

长按空格键出现空格键热盒，拖动鼠标左键至【前视图】处，将视图切换为前视图。在工具栏中选择【曲线】命令，选择【圆形】曲线，建立新的曲线控制器并命名为 Left_shoulder_ctrlcircle02。选择新建曲线，长按鼠标右键拖动鼠标至【编辑点】，在圆形曲线 8 个控制点中进行隔点选择，按 E 键缩放工具，对圆形曲线进行图形变换，如图 3-60、图 3-61 所示。

图 3-60　编辑圆形曲线上的点

图 3-61　编辑圆形曲线的大小形状

编辑完成后，在菜单栏中选择【修改】|【冻结变换】命令，最后在菜单栏中选择【编辑】|【按类型删除】|【历史】命令，如图 3-62 所示。

3．创建曲线 Left_shoulder_ctrlcircle01

选择曲线 Left_shoulder_ctrlcircle03，按 Ctrl+D 组合键将曲线进行复制，按 W 键切换为移动工具，将复制的曲线重命名为 Left_shoulder_ctrlcircle01，然后将曲线移动到如图 3-63 所示位置。同时，在菜单栏中选择【修改】|【冻结变换】命令，使选定对象的当前变换的位置信息归零，然后在菜单栏中选择【编辑】|【按类型删除】|【历史】命令。

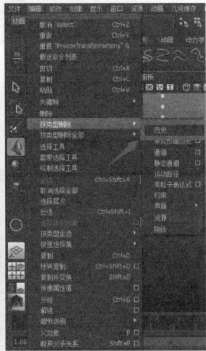

图 3-62 删除历史记录

图 3-63 创建曲线

4. 创建曲线 Left_elbow_ctrlcircle 以及 Left_wrist_ctrlcircle

首先，按照以上步骤方法，创建曲线 Left_elbow_ctrlcircle 以及 Left_wrist_ctrlcircle。其次，在菜单栏中选择【修改】|【冻结变换】命令。最后，在菜单栏中选择【编辑】|【按类型删除】|【历史】命令，如图 3-64 所示。

图 3-64　创建肘、腕曲线

5．创建手指控制器

在工具栏中选择【曲线】命令，选择【圆形】曲线并调整曲线大小。重复以上命令创建 4 个中指控制器，分别命名为 Left_midfinger_ctrlcircle01、Left_midfinger_ctrlcircle02、Left_midfinger_ctrlcircle03、Left_midfinger_ctrlcircle04。然后按 Ctrl+G 组合键将它们打组。选择曲线组，按 W 键切换为移动工具，长按 V 键并拖动鼠标左键，使曲线组轴心点移动到手指根部骨骼位置。这样能保证控制器和骨骼的旋转方向一致，如图 3-65、图 3-66 所示。

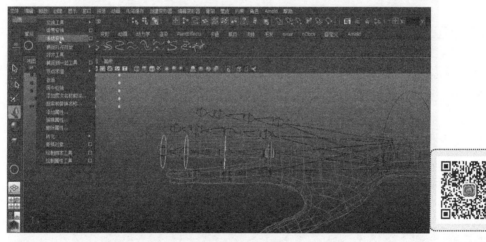

图 3-65　创建手指控制器

图 3-66　指关节与控制轴运动位置一致

6．创建其他控制器

按 Ctrl+D 组合键将上一步创建好的中指控制器复制 4 个，创建剩余 4 指的手指控制器。按 W 键切换为移动工具，长按 V 键并拖动鼠标左键调整控制器中心轴位置分别至各指头根部关节处，并分别重命名，如食指控制器命名为 Left_indexfinger_ctrlcircle01、Left_indexfinger_ctrlcircle02、Left_indexfinger_ctrlcircle03、Left_indexfinger_ctrlcircle04，如图 3-67 所示。

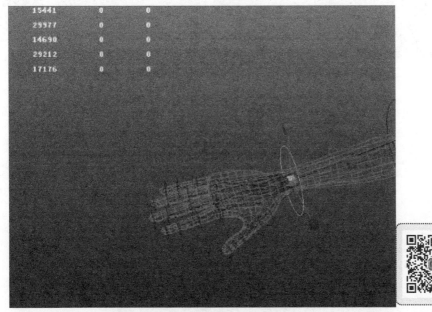

图 3-67　创建其他的手指控制器

随后在菜单栏中选择【修改】|【冻结变换】命令，在菜单栏中选择【编辑】|【按类型删除】|【历史】命令。

备注：如果发现冻结变换后坐标轴不是对象坐标，可使用以下方法进行修正。例如，对于大拇指控制器 Left_thumb_ctrlcircle01、Left_thumb_ctrlcircle02、Left_thumb_ctrlcircle03、Left_thumb_ctrlcircle04，先将这 4 个控制器建立父子约束，在菜单栏中选择【修改】|【冻结变换】命令后现有坐标方向为世界坐标，这对于后面摆放角色动作十分不方便。为了使现有坐标变为对象坐标，可以新建一个任意形状的几何体 B，调整几何体 B 的坐标到自己想要的对象坐标方向，然后 Left_thumb_ctrlcircle01 控制器与几何体 B 按 P 键建立父子约束。选择 Left_thumb_ctrlcircle01 控制器，在菜单栏中选择【修改】|【冻结变换】命令进行冻结变换，最后删掉几何体 B 即可。

7．用创建好的控制器方向约束骨骼

先选择曲线 Left_thumb_ctrlcircle01，再长按 Shift 键加选对应的 Right_thumb 骨骼，在菜单栏中选择【约束】|【方向约束】命令，在打开的【方向约束选项】对话框中勾选保持偏移，单击【应用】按钮，完成约束命令，如图 3-68 所示。

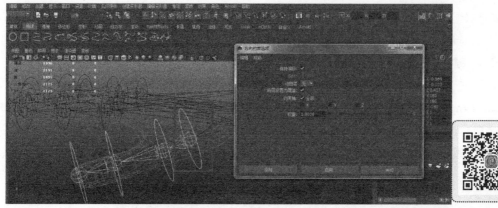

图 3-68　执行约束

对其他所有的骨骼进行同样的约束，并建立层级父子约束，如图 3-69 所示。

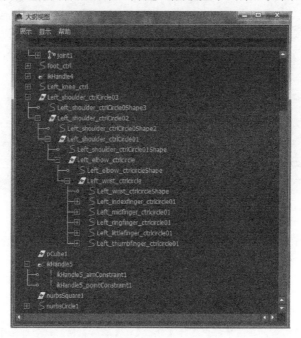

图 3-69　层级父子约束

以上完成的是 FK 手臂控制器的创建。

（二）IK 手臂控制器的创建

1. 创建左侧手臂 IK

在菜单栏中选择【骨架】|【IK 控制柄工具】命令，在打开的【IK 控制柄工具】对话框中，将当前解算器更改为旋转平面结算器，单击【关闭】按钮完成设置。单击 Left_shoulder_ctrlcircle02 骨骼并长按 Shift 键加选 Left_wrist_ctrlcircle 骨骼，在菜单栏中选择【骨架】|【IK 控制柄工具】命令，完成 IK 创建。将其重命名为 Left_hand_ikHandle5，如图 3-70 所示。

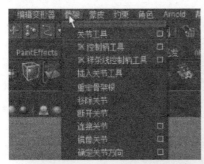
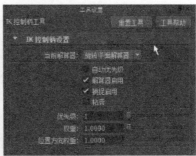
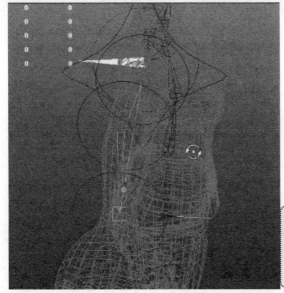

图 3-70　创建 IK 手臂控制器

注意：FK 和 IK 的转换是前向和反向运动之间的转换。前向和反向运动是旋转关节的两种不同方法，其中，前向运动 FK 比较简单，运算相对较少；反向运动 IK 相对复杂一些，但能够直观地让关节产生旋转。简而言之，IK 可以从手腕直接控制手臂，FK 则只能从手臂一个接着一个地控制每一个关节。当遇到与其他物体接触时，用 IK 比较合适；而当遇到走路、跑步等运动时，用 FK 比较合适。

制作 IK 与 FK 之间转换的具体操作步骤如下。

（1）选择手腕控制器 Left_wrist_ctrlcircle，然后在 Maya 应用软件右侧属性栏中选择【编辑】|【添加属性】命令，在打开的【添加属性】对话框中，将长名称命名为 IK FK Blend，数据类型选择浮点型，数值属性的特性中最小值设置为 0，最大值设置为 1，默认值设置为 0，单击【确定】按钮，完成添加属性。

（2）在菜单栏中选择【动画】|【设定受驱动关键帧】|【设置】命令。在【大纲视图】中选择手腕控制器 Left_wrist_ctrlcircle，在打开的【设置受驱动关键帧】对话框中单击【加载驱动者】按钮，在【大纲视图】中选择 Left_hand_ikHandle5 曲线控制器后，单击【加载受驱动项】按钮。最后单击【关闭】按钮完成设置。

（3）单击【大纲视图】中的手腕控制器 Left_wrist_ctrlcircle，在 Maya 应用软件右侧属性栏中将 IK FK Blend 数字设置为 0。单击【大纲视图】中的手腕控制器 Left_hand_ikHandle5，在 Maya 应用软件右侧属性栏中将 IK FK Blend 数字设置为 1。

　　（4）选择驱动者右侧 IK FK Blend，选择场景中手腕控制器 Left_wrist_ctrlcircle 属性通道栏中的 IK FK Blend，数字设置为 1；选择场景中 Left_hand_ikHandle5 手柄对应属性通道栏中的 IK FK Blend，数字设置为 0。此时可以发现，将 IK FK Blend 中的数字从 0 转变为 1 或从 1 转变为 0，即可完成 IK 和 FK 之间的转换，如图 3-71 所示。

图 3-71　IK 和 FK 之间的属性转换

　　（5）当数字改为 1 时，用 FK 来控制手臂。我们会发现控制器运动，但是骨骼不会运动，此时需要将控制器与对应的骨骼进行点约束。

　　例如，选择 Left_pinky03，再长按 Shift 键加选 Left_littlefinger_ctrlcircle04，在菜单栏中选择【约束】|【点】命令，完成点约束；选择 Left_pinky02，长按 Shift 键加选 Left_littlefinger_ctrlcircle03，在菜单栏中选择【约束】|【点】命令，完成点约束；选择 Left_pinky01，长按 Shift 键加选 Left_littlefinger_ctrlcircle02，在菜单栏中选择【约束】|【点】命令，完成点约束。依次类推，直至将手臂所有骨骼与控制器进行点约束，如图 3-72 所示。

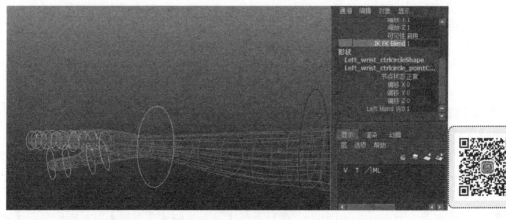

图 3-72　逐一进行点约束

　　由此可见，使用 0 和 1 两个数字即可控制 IK 与 FK 之间的转换。当 IK FK Blend 数值为 0 时，只有 IK 可以控制骨骼；当 IK FK Blend 数值为 1 时，FK 可以控制骨骼。

　　另外一只手也用同样的方法制作，如图 3-73、图 3-74 所示。

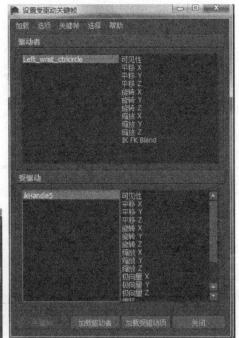

图 3-73　设置受驱动关键帧

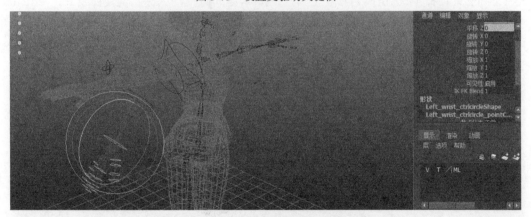

图 3-74　创建手腕方向控制器

2．创建手肘方向控制器

长按空格键出现空格键热盒，拖动鼠标左键至【前视图】处，将视图切换为前视图。在工具栏中选择【曲线】命令，选择【圆形】曲线，建立新的曲线控制器。选择新建曲线，长按鼠标右键拖动鼠标至【编辑点】，在圆形曲线 8 个控制点中进行隔点选择，按 E 键切换为缩放工具，对圆形曲线进行图形变换（形状随意），最后重命名为 Left_elbow_pole_ctrlcircle。选择 Left_elbow_pole_ctrlcircle，长按 Shift 键加选 Left_hand_ikHandle5，在菜单栏中选择【约束】|【极向量】命令，完成约束。

为了使 Left_elbow_pole_ctrlcircle 控制器可以跟随手臂移动，可对 Left_elbow_pole_ctrlcircle 与 IK 进行父子约束，如图 3-75 所示。

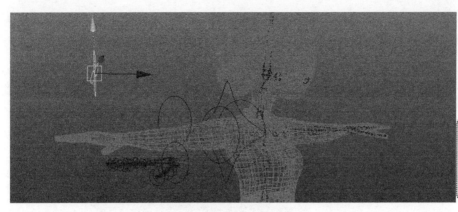

图 3-75　创建父子约束

三、躯干控制器的创建

（一）创建躯干控制器

长按空格键出现空格键热盒，拖动鼠标左键至【前视图】处，将视图切换为前视图。在工具栏中选择【曲线】命令，选择【圆形】曲线，建立新的曲线控制器，并重命名为 root_ctrlcircle。按 W 键切换为移动工具，长按 V 键同时拖动鼠标左键使曲线 root_ctrlcircle 移动吸附到根骨骼位置。按 E 键切换为旋转模式，旋转曲线角度。接着在菜单栏中选择【修改】|【冻结变换】命令，冻结曲线属性，如图 3-76 所示。

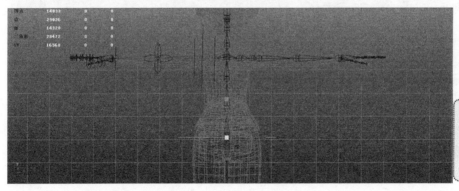

图 3-76　创建根骨骼控制器

（二）创建曲线控制器

按 Ctrl+D 组合键复制曲线 root_ctrlcircle，重命名为 spine_lower_ctrlcircle，将曲线 spine_lower_ctrlcircle 吸附移动至骨骼 spine_lower 的位置。同理，依次创建新控制器 chest_ctrlcircle、suogu_ctrlcircle、neck_lower_ctrlcircle、neck_ctrlcircle，最终如图 3-77 所示。在菜单栏中选择【修改】|【冻结变换】命令，完成曲线的属性冻结。在菜单栏中选择【编辑】|【按类型删除】|【历史】命令，完成曲线的历史记录删除。

图 3-77 创建躯干控制器

1. 对控制器与其同名对应的骨骼进行父子约束

选择 root_ctrlcircle 控制器，长按 Shift 键加选 root 骨骼，在菜单栏中选择【约束】|【父对象】命令，完成父子约束；选择 spine_lower_ctrlcircle 控制器，长按 Shift 键加选 spine_lower 骨骼，在菜单栏中选择【约束】|【父对象】命令，完成父子约束；选择 chest_ctrlcircle 控制器，长按 Shift 键加选 chest 骨骼，在菜单栏中选择【约束】|【父对象】命令，完成父子约束；选择 suogu_ctrlcircle 控制器，长按 Shift 键加选 suogu 骨骼，在菜单栏中选择【约束】|【父对象】命令，完成父子约束；选择 neck_lower_ctrlcircle 控制器，长按 Shift 键加选 neck_lower 骨骼，在菜单栏中选择【约束】|【父对象】命令，完成父子约束；选择 neck_ctrlcircle 控制器，长按 Shift 键加选 neck 骨骼，在菜单栏中选择【约束】|【父对象】命令，完成父子约束。

2. 依照从上到下顺序在控制器之间创建父子关系

依次选择控制器 neck_ctrlcircle，长按 Shift 键加选 neck_lower_ctrlcircle 控制器，按 P 键完成父子约束；选择控制器 neck_lower_ctrlcircl，长按 Shift 键加选 suogu_ctrlcircle 控制器，按 P 键完成父子约束；选择控制器 suogu_ctrlcircle，长按 Shift 键加选 chest_ctrlcircle 控制器，按 P 键完成父子约束；选择控制器 chest_ctrlcircle 控制器，长按 Shift 键加选 spine_lower_ctrlcircle 控制器，按 P 键完成父子约束，如图 3-78 所示。

图 3-78 在控制器之间创建父子关系

（1）长按空格键出现空格键热盒，拖动鼠标左键至【前视图】处，将视图切换为前视图。在工具栏中选择【曲线】命令，选择【圆形】曲线，建立新的曲线控制器。选择新建曲线，重命名为 kua_ctrlcircle。按 W 键切换为移动工具，长按 V 键同时拖动鼠标左键使曲线 kua_ctrlcircle 移动吸附到合适位置。在菜单栏中选择【修改】|【冻结变换】命令，完成曲线的属性冻结。在菜单栏中选择【编辑】|【按类型删除】|【历史】命令，完成曲线的历史记录删除。

（2）选择骨骼长按 Shift 键加选创建的控制器，按 P 键完成父子约束，如图 3-79 所示。

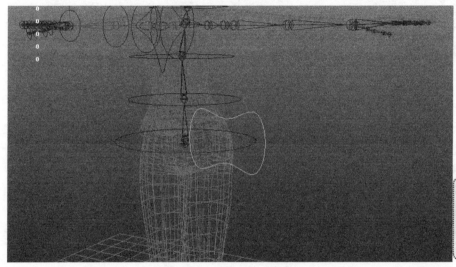

图 3-79　骨骼加选控制器

四、头部控制器的创建

（一）创建头部骨骼控制器

在菜单栏中选择【骨架】|【关节工具】命令，创建头部骨骼，并分别重命名为 Head、Jaw、JawEnd、Headup，如图 3-80 所示。

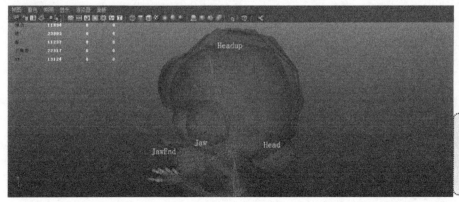

图 3-80　头部骨骼

（二）创建脖子 IK

在工具栏中选择【曲线】命令，选择【圆形】曲线，建立新的曲线控制器。在【大纲视图】中将曲线重命名为 Headctrl。在菜单栏中选择【修改】|【冻结变换】命令，完成曲线 Headctrl 的属性冻结。在菜单栏中选择【编辑】|【按类型删除】|【历史】命令，完成曲线 Headctrl 的历史记录删除。选择 Headctrl 曲线控制器，长按 Shift 键加选创建好的 Head_ik，在菜单栏中选择【约束】|【点】命令，执行约束，如图 3-81、图 3-82 所示。

图 3-81　头部运动命名

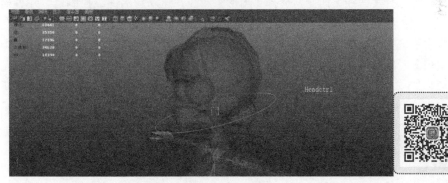

图 3-82　头部圆形控制曲线

选中眼睛模型，长按 Shift 键加选头顶骨骼 Headup，按 P 键建立眼睛模型与头顶骨骼的父子关系……以此类推，分别建立上下睫毛、头发、上牙齿与头顶骨骼的父子关系，如图 3-83 所示。

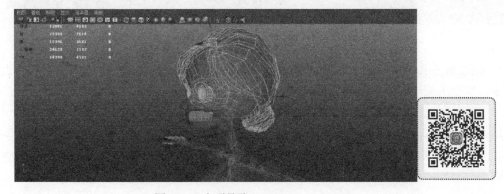

图 3-83　头顶骨骼 Headup

选中下牙齿模型，长按 Shift 键加选 Head 骨骼，按 P 键建立下牙齿模型与 Head 骨骼的父子关系，如图 3-84 所示。

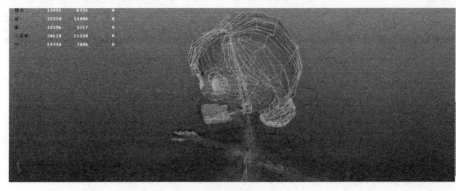

图 3-84　牙齿骨骼效果

（三）创建头部眼睛、下颌控制器

（1）长按空格键出现空格键热盒，拖动鼠标左键至【前视图】处，将视图切换为前视图。在工具栏中选择【曲线】命令，选择【圆形】曲线，建立新的曲线控制器，并重命名为 Eyectrl，按 W 键切换为移动工具，长按 V 键同时拖动鼠标左键使曲线移动吸附到合适位置。在菜单栏中选择【修改】|【冻结变换】命令，完成曲线 Eyectrl 的属性冻结。在菜单栏中选择【编辑】|【按类型删除】|【历史】命令，完成曲线 Eyectrl 的历史记录删除。

（2）如图 3-85 所示，在工具栏中选择【曲线】命令，选择【圆形】曲线，建立新的曲线控制器，创建两个小圆形曲线并分别重命名为 R_Eyectrl、L_Eyectrl。

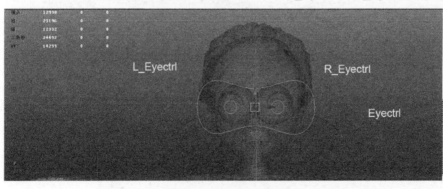

图 3-85　创建控制器

（3）选择 R_Eyectrl，长按 Shift 键加选右眼睛模型，在菜单栏中选择【约束】|【点】命令，执行约束。左眼进行同样的步骤操作。

（4）分别选中 R_Eyectrl 和 L_Eyectrl，长按 Shift 键加选 Eyectrl，按 P 键建立 R_Eyectrl、L_Eyectrl 与 Eyectrl 的父子关系。

（5）最后选中 Eyectrl 控制器，长按 Shift 键加选 Headctrl 控制器，按 P 键建立 Eyectrl 控制器与 Headctrl 控制器的父子关系，如图 3-86 所示。

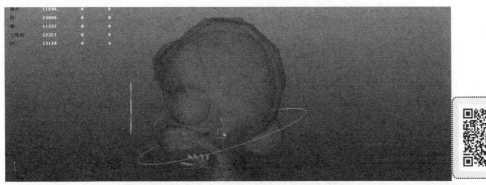

图 3-86　眼睛控制器

五、身体控制器的整理

（一）创建总控制曲线

长按空格键出现空格键热盒，拖动鼠标左键至【顶视图】处，将视图切换为顶视图。在工具栏中选择【曲线】命令，选择【圆形】曲线，建立新的曲线控制器，将其重命名为Bodyctrl，将控制器调整到如图 3-87 所示的位置。在菜单栏中选择【修改】|【冻结变换】命令，完成曲线 Bodyctrl 的属性冻结。在菜单栏中选择【编辑】|【按类型删除】|【历史】命令，完成曲线 Bodyctrl 的历史记录删除。

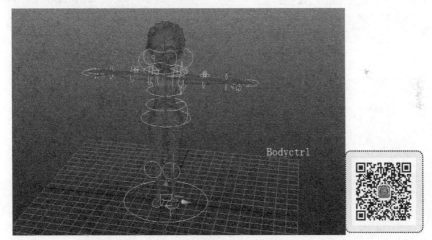

图 3-87　创建身体控制器

（二）建立全身父子关系

选中眼睛模型，长按 Shift 键加选头部控制器 Headctrl，按 P 键建立眼睛模型与头部控制器 Headctrl 的父子关系……依次类推，建立头部控制器 Headctrl 与控制器 neck_ctrlcircle 的父子关系、neck_ctrlcircle 控制器与 suogu_ctrlcircle 控制器的父子关系、Left_shoulder_ctrlcircle03控制器与 suogu_ctrlcircle 控制器的父子关系、Right_shoulder_ctrlcircle03 控制器与 suogu_ctrlcircle 控制器的父子关系、kua_ctrlcircle 控制器与 root_ctrlcircle 控制器的父子关

系、root_ctrlcircle 控制器与 Bodyctrl 控制器的父子关系、Left_knee_ctrlcircle 控制器与 Bodyctrl 控制器的父子关系、Right_knee_ctrlcircle 控制器与 Bodyctrl 控制器的父子关系、Left_foot_ctrl 控制器与 Bodyctrl 控制器的父子关系、Right_foot_ctrl 控制器与 Bodyctrl 控制器的父子关系。

(三)完成

最后进行整理，如图 3-88～图 3-91 所示。

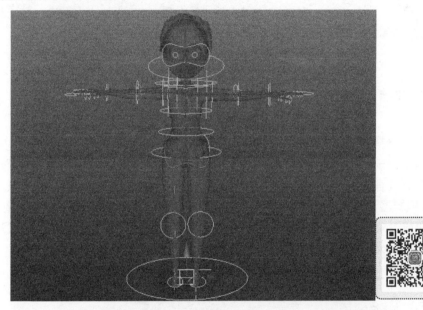

图 3-88　前视图

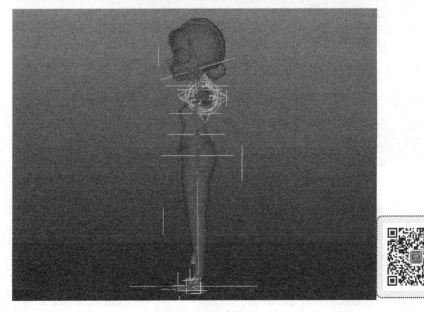

图 3-89　侧视图

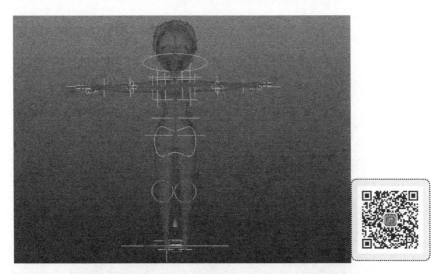

图 3-90　后视图

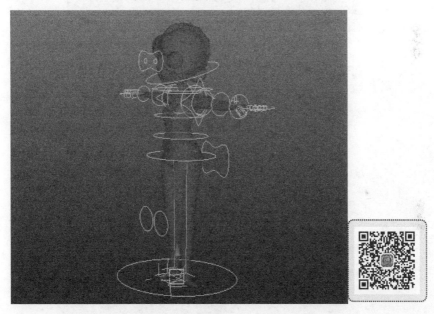

图 3-91　侧视图

第四节　蒙皮及权重

一、光滑蒙皮

（一）执行蒙皮

选择角色模型，长按 Shitf 键加选根骨骼，在菜单栏中选择【蒙皮】|【绑定蒙皮】|【平滑蒙皮】命令，完成模型蒙皮，如图 3-92、图 3-93 所示。

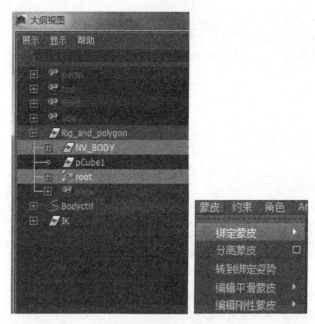

图 3-92　蒙皮设置

图 3-93　平滑蒙皮

（二）初次效果

初次光滑蒙皮效果，如图 3-94 所示。

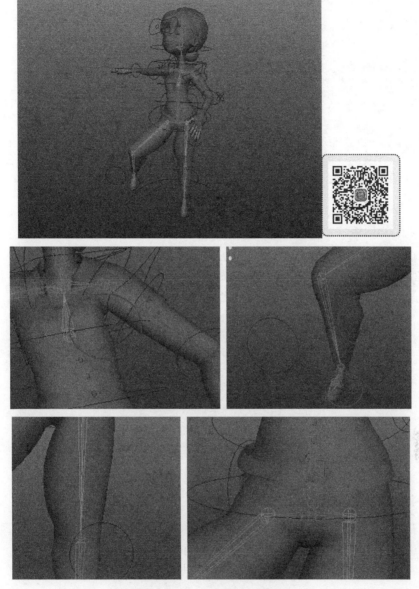

图 3-94　初次光滑蒙皮效果

　　从图 3-94 中可以看出，有些地方蒙皮效果并不是很好，出现了撕扯的现象。此时，需要通过"刷权重"的方式进行合理分配。

二、认识笔刷面板

（一）打开面板

　　选择模型，可以是局部模型也可以是整体模型。在菜单栏中选择【蒙皮】|【编辑平滑蒙皮】|【绘制蒙皮权重】命令，进行蒙皮权重绘制，如图 3-95 所示。

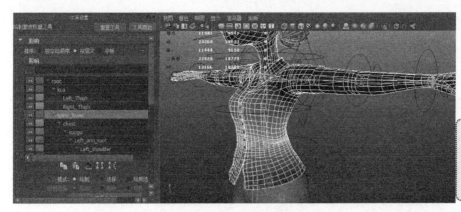

图 3-95　绘制蒙皮权重工具

（二）认识面板

模型表面由白向黑过渡，表示骨骼对皮肤从完全影响到完全不影响。在打开的【绘制蒙皮权重工具】对话框中，单击【笔划】按钮。半径（U）可以控制笔刷的大小，也可以长按 B 键并拖动鼠标左键来改变笔刷大小，如图 3-96 所示。

图 3-96　笔刷大小

（三）骨骼调节

在打开的【绘制蒙皮权重工具】对话框中，单击【影响】按钮。选择相应的骨骼，对每一根骨骼进行模型表面蒙皮权重的调节，如图 3-97 所示。

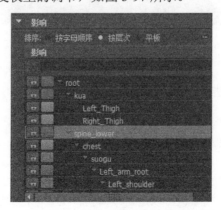

图 3-97　调节相应骨骼的蒙皮权重

（四）绘制方式

在打开的【绘制蒙皮权重工具】对话框中，单击【影响物】按钮。绘制操作栏中有 4 种方式，分别是替换、添加、缩放和平滑。其中，替换是为模型点涂抹全新的权重，添加是在当前的权重基础上累加新的权重，缩放是将模型点当前的权重进行缩放，平滑是使模型点的权重产生光滑过渡，值则可以控制权重值的大小，如图 3-98、图 3-99 所示。

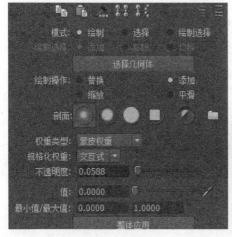

图 3-98　绘制操作　　　　　　　　图 3-99　控制权重值大小

三、关节处理

（一）调整腿部姿态

选择脚部控制器，调整模型姿态，尽量将动作调整为极限运动，这样有助于看清权重是否分配合理，如图 3-100、图 3-101 所示。

图 3-100　极限运动

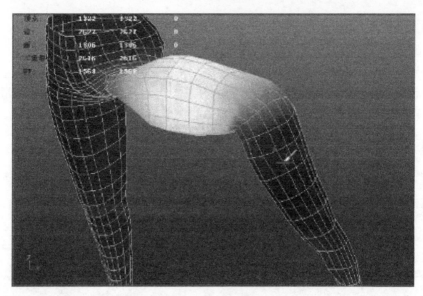

图 3-101　极限运动

（二）独立显示

选择腿部模型，在视图工具栏中选择【隔离选择】命令，将腿部模型单独显示，如图 3-102
所示。

图 3-102　设置单独显示

（三）绘制蒙皮权重

在菜单栏中选择【蒙皮】|【编辑平滑蒙皮】|【绘制蒙皮权重】命令，将不合理的点用
笔刷合理分配，如图 3-103～图 3-107 所示。

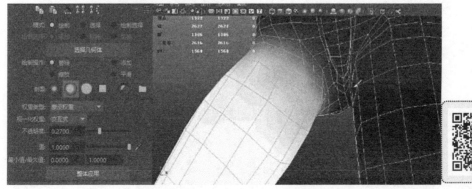

图 3-103　蒙皮权重绘制

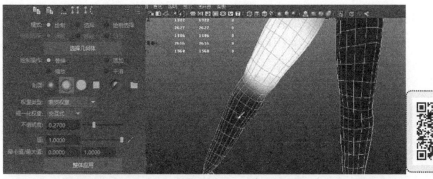

图 3-104　蒙皮权重绘制

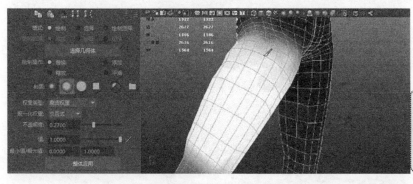

图 3-105　蒙皮权重绘制

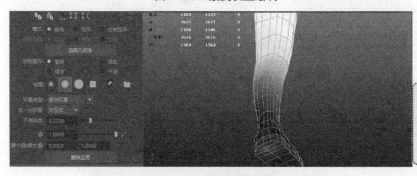

图 3-106　蒙皮权重绘制

图 3-107　蒙皮权重绘制

（四）调整躯干部位的权重

选择身体模型，在菜单栏中选择【蒙皮】|【编辑平滑蒙皮】|【绘制蒙皮权重】命令，在打开的【绘制蒙皮权重工具】对话框中，单击【影响】按钮，选择 spine_lower 骨骼，用笔刷在模型上涂抹，将不合理的点用笔刷合理分配，如图 3-108～图 3-110 所示。

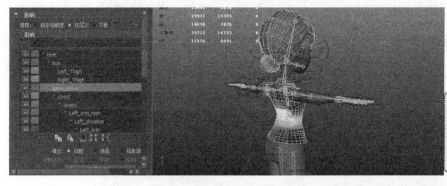

图 3-108　选择 spine_lower 骨骼

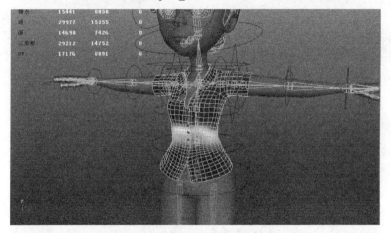

图 3-109　涂抹绘制

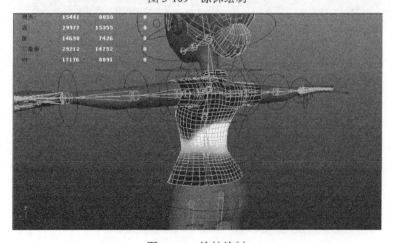

图 3-110　涂抹绘制

（五）胸部权重

选择躯干模型，在菜单栏中选择【蒙皮】|【编辑平滑蒙皮】|【绘制蒙皮权重】命令，在打开的【绘制蒙皮权重工具】对话框中，单击【影响】按钮，选择 chest 骨骼，用笔刷在模型上涂抹，使胸部的皮肤完全由胸部骨骼控制，如图 3-111 所示。

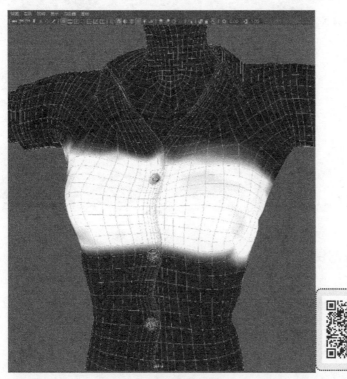

图 3-111　胸部权重绘制

现在权重分配已经趋于合理，但仍有不足。如图 3-112、图 3-113 所示，胸部位置凹陷，手臂下边有部分点凸起。

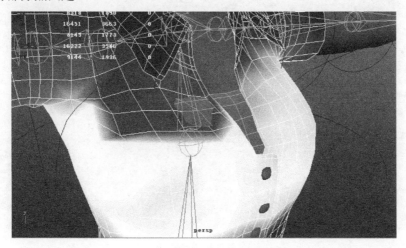

图 3-112　手臂下边权重绘制

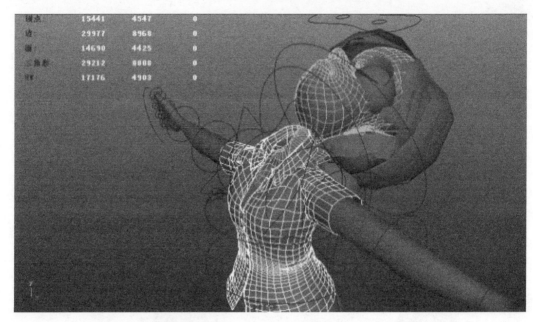

图 3-113　脖子权重显示

（六）进一步绘制权重

选择躯干模型，在菜单栏中选择【蒙皮】|【编辑平滑蒙皮】|【绘制蒙皮权重】命令，在打开的【绘制蒙皮权重工具】对话框中，单击【影响】按钮，选择相应的骨骼，把权重值调节到合适的数值，在模型上进行涂抹使之过渡合理。

最后，躯干部位的权重效果调整如图 3-114～图 3-116 所示。

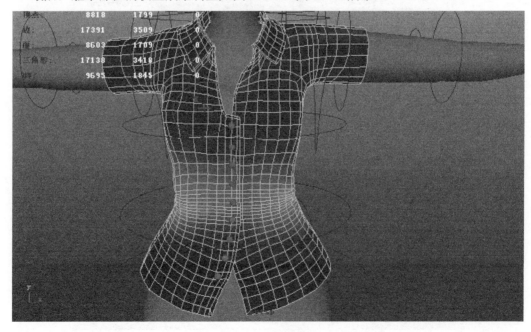

图 3-114　调整效果

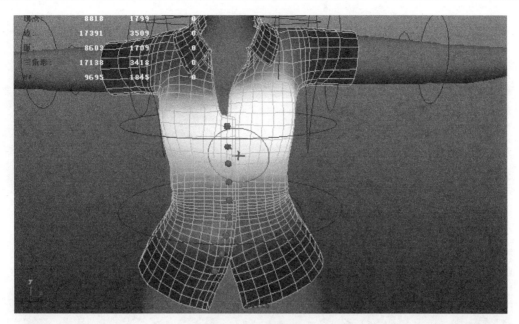

图 3-115　调整效果

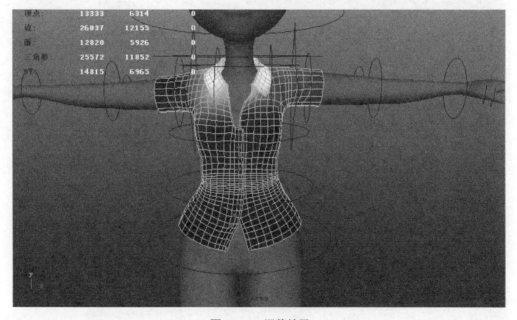

图 3-116　调整效果

（七）其他部位的权重值

利用蒙皮权重的镜像工具，调节角色手臂权重值。在菜单栏中选择【蒙皮】|【编辑平滑蒙皮】|【绘制蒙皮权重】命令，在打开的【绘制蒙皮权重工具】对话框中，单击【影响】按钮，选择手臂骨骼，我们会发现自动权重分配得不是很合理。

在视图面板工具栏中选择【显示】命令，在【显示】下拉菜单中取消【曲线】的勾选，然后开始刷权重，如图 3-117～图 3-120 所示。

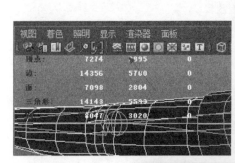
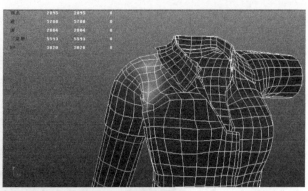

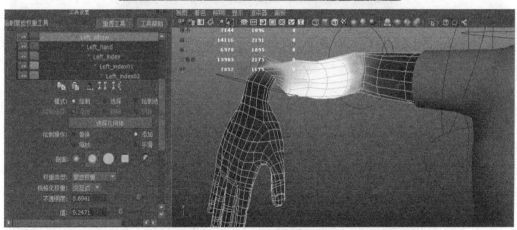
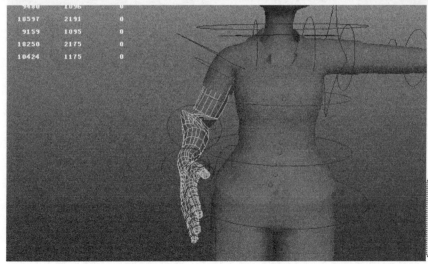

图 3-117　调节手臂权重值

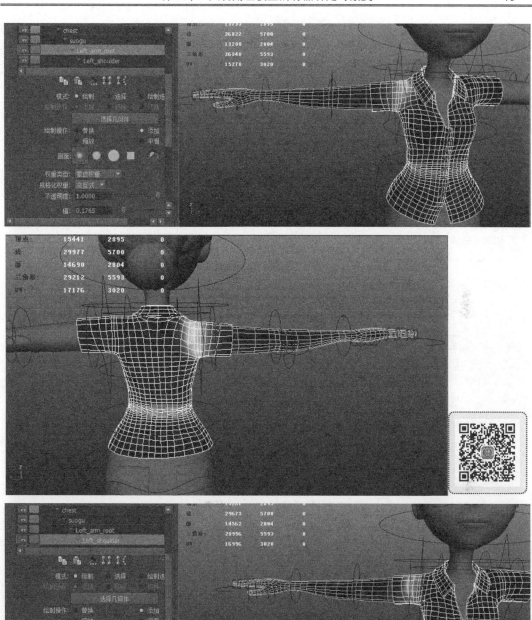

图 3-118 调节右手臂权重

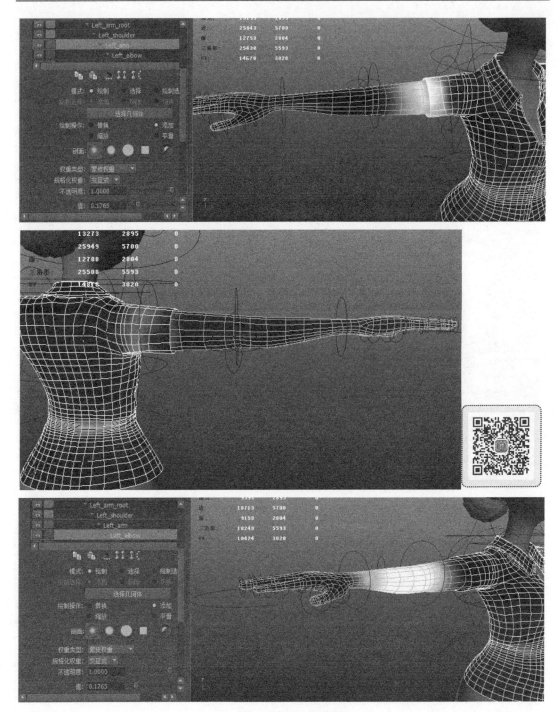

图 3-119　调节右手臂权重

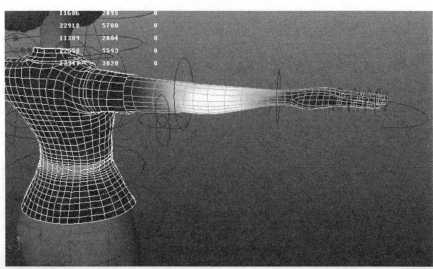

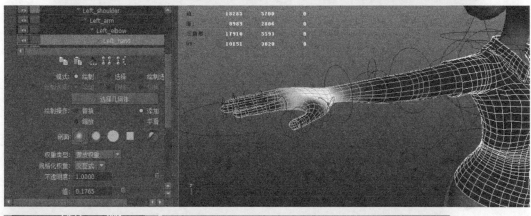

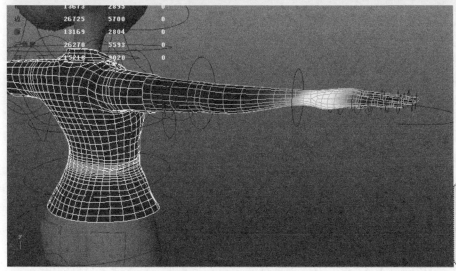

图 3-120　调节右手臂权重

最后，完成权重绘制。

四、利用组分编辑器调节蒙皮权重

有时候模型会出现如图 3-117～图 3-120 所示的只有局部几个点权重不对的情况，这时候用大面积的笔刷有点不太方便。此时，也可以利用组分编辑器调节蒙皮权重。选择不合理的点，在菜单栏中选择【窗口】|【常规编辑器】|【组件编辑器】命令，重新分配选中点的权重，如图 3-121～图 3-123 所示。

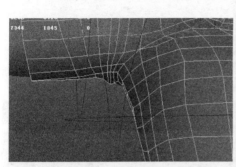

图 3-121　权重错误点　　　　　　　　　　　　图 3-122　选中点

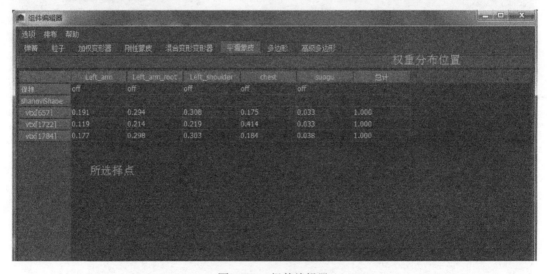

图 3-123　组件编辑器

如图 3-123 所示，平滑蒙皮下边会有这些被选中的点 657、1722、1784。其中，左侧为模型中被选中的点，上部红框中就是这些点的权重分布区域。可以看到这些点受到 Left_arm、Left_arm_root、Left_shoulder、chest、suogu 的影响。

从图 3-123 中可以看到这些点的权重并不正确，我们可以寻找周边权重正确的点做参照。例如，加选旁边的点 1042 和 1716，根据这两个点的权重值，将其他三个点的值修改得接近这两个值，最终效果如图 3-124、图 3-125 所示。

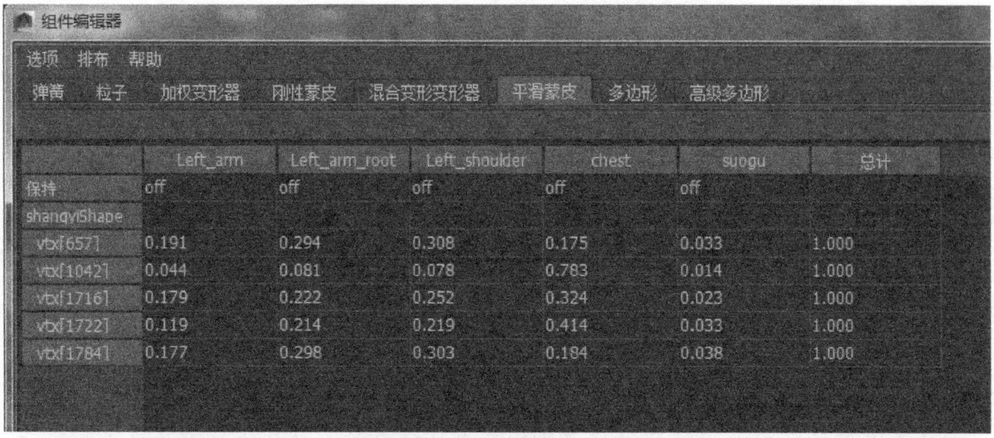

组件编辑器

选项　排布　帮助

弹簧　粒子　加权变形器　刚性蒙皮　混合变形变形器　平滑蒙皮　多边形　高级多边形

	Left_arm	Left_arm_root	Left_shoulder	chest	suogu	总计
保持	off	off	off	off	off	
shangyiShape						
vtx[657]	0.191	0.294	0.308	0.175	0.033	1.000
vtx[1042]	0.044	0.081	0.078	0.783	0.014	1.000
vtx[1716]	0.179	0.222	0.252	0.324	0.023	1.000
vtx[1722]	0.119	0.214	0.219	0.414	0.033	1.000
vtx[1784]	0.177	0.298	0.303	0.184	0.038	1.000

图 3-124　调整数值

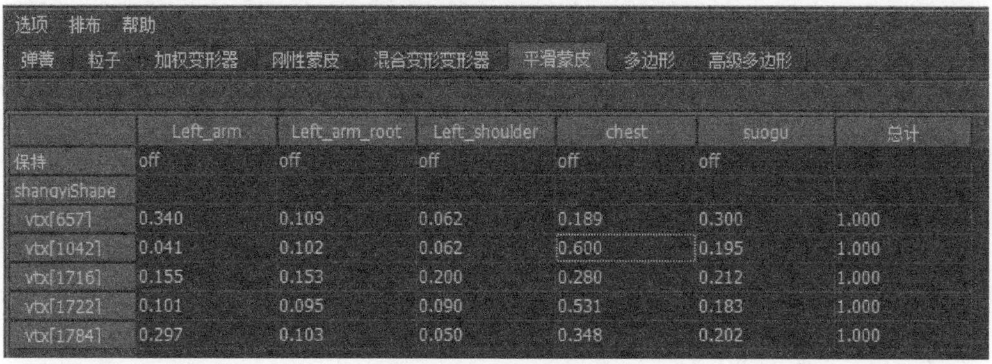

选项　排布　帮助

弹簧　粒子　加权变形器　刚性蒙皮　混合变形变形器　平滑蒙皮　多边形　高级多边形

	Left_arm	Left_arm_root	Left_shoulder	chest	suogu	总计
保持	off	off	off	off	off	
shangyiShape						
vtx[657]	0.340	0.109	0.062	0.189	0.300	1.000
vtx[1042]	0.041	0.102	0.062	0.600	0.195	1.000
vtx[1716]	0.155	0.153	0.200	0.280	0.212	1.000
vtx[1722]	0.101	0.095	0.090	0.531	0.183	1.000
vtx[1784]	0.297	0.103	0.050	0.348	0.202	1.000

图 3-125　调整数值

五、镜像复制蒙皮权重

蒙皮权重调节是非常费力的事情，但我们可以利用人物手臂对称原则，将模型左边调好的权重信息镜像复制到右侧。

选择左边手臂模型，在菜单栏中选择【蒙皮】|【编辑平滑蒙皮】|【镜像蒙皮权重】命令，在打开的【镜像蒙皮权重】对话框中将镜像平面设置为 YZ，其他参数保持默认数值即可，最后单击【镜像】按钮，完成权重镜像复制。

六、蒙皮权重的导出与导入

蒙皮权重可以在 Maya 中进行导入、导出。如果调整权重过程中出错，还可以将先前的数据调入，回到正确状态。

（一）导出蒙皮权重贴图

（1）选择角色模型。

（2）在菜单栏中选择【蒙皮】|【编辑平滑蒙皮】|【导出皮肤权重贴图】命令，在打

开的【导出皮肤权重贴图】对话框中设置好保存路径，并输入保存的文件名，单击【导出】按钮，完成皮肤权重贴图的导出。

（二）导入蒙皮权重贴图

（1）选择角色模型。

（2）在菜单栏中选择【蒙皮】|【编辑平滑蒙皮】|【导入皮肤权重贴图】命令，在打开的【导入皮肤权重贴图】对话框中选择先前制作好的皮肤权重贴图，完成皮肤权重贴图的导入。

本章小结

　　三维角色能够运动起来的关键就是绑定和蒙皮的环节，角色表演动作的流畅性和动作的优美度除了与动画有关，与绑定和蒙皮也有着直接联系。好的绑定和蒙皮能够大大提升动画的制作效率，但绑定与蒙皮特别是手动绑定都非常需要学习者的耐心和认真的态度。

　　随着技术的不断进步，也有一些绑定插件帮助学习者很方便地进行绑定，不过对于初学者和想要深入研究绑定的动画师来说，还要具有手动绑定的能力。

第四章　Maya 动画的制作方法

 **本章导读**

本章节通过对 9 个典型角色动画运动案例的制作步骤进行讲解，让大家掌握三维动画制作的思路及步骤流程。同时，熟练 Maya 软件中动画模块的操作工具及使用方法。

学习目标

➤ 通过本章的学习，掌握动画制作的一般方法，有效提高制作三维动画的效率。
➤ 了解三维动画在 Maya 软件制作中的具体方法与步骤。

重难点分析

重点：三维角色动画制作的方法及流程。
难点：运动规律在三维角色动画中不同肢体部分的运用。

第一节　小球弹跳动画制作案例

一、动画运动规律

动画影片中各式各样的角色之所以给人真实的感觉，运动的合理性占据着非常重要的部分。如何能够让角色运动得更加真实、合理、让人信服，是我们需要在这一节中进行深入学习的内容。

动画制作的对象是人类基于现实生活创作的角色，可以是生物也可以是非生物。基于现实生活、观看动画的观众是动画制作的基础，产生让观众信服的运动是动画制作的目标，动画运动规律是动画制作的法宝。了解动画运动规律之前，首先要了解表现运动的几个因素和关键词。

（一）挤压和拉伸

从物理学的角度来看，物质是由粒子构成的，粒子与粒子之间的空间使得物质都具有可压缩性。这就为动画运动的夸张性提供了真实的物理基础。从视觉上看，挤压和拉伸主要体现的是物体的弹性形变，具体体现在运动物体的质量和体积上。

注意：在挤压和拉伸的过程中，无论物体发生怎样的形变，它的体积和质量都是恒定不变的。

　　挤压与拉伸的程度取决于动作的需要，如图 4-1 所示。

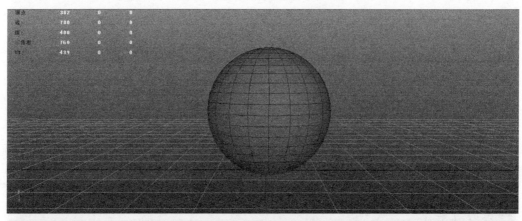

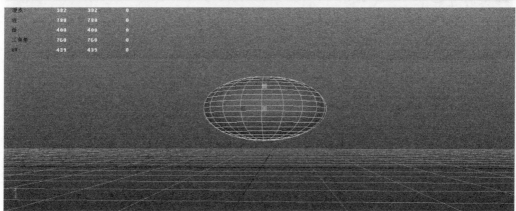

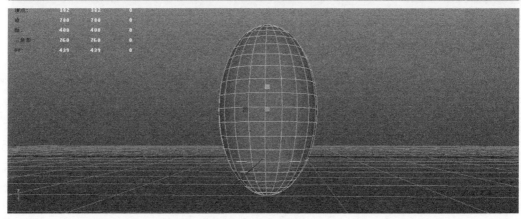

图 4-1　小球的挤压与拉伸

（二）动作预备

　　动作预备指的是发生主要动作之前的准备动作。

　　例如，当运动场上的运动员准备长跑前，会先向后倒退几步。一般预备动作的方向会和主要动作方向相反，如图 4-2 所示。

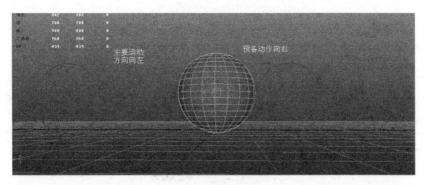

图 4-2　预备动作

　　虽然它不是主要动作，但主要动作需要预备动作来引导。如果没有预备动作，会让动画看起来很不舒服。这是非常容易被忽视的细节因素。

　　（三）动作布局

　　动作布局是指要尽可能直观清晰地表现动作的意图，以便观众能更好地理解。

　　动作表现力能够很好地渲染气氛，因为它可以直观地影响观众主观的态度、情绪、反应以及想法等。

　　（四）关键帧动作与连续动作

　　关键帧动作是指能够充分表现运动目的的几个动作。在绘制运动时先将几个关键帧动作绘制出来，再加入中间画作。

　　连续动作是一个连续的画作从第一帧一直画到最后动作的结束。

　　如图 4-3 所示为一个人走路的动作，关键帧动作可以先绘制两张脚接触地面的关键帧，再绘制过渡帧，最后加入中间画作。

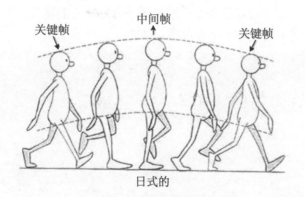

图 4-3　走路关键帧①

　　（五）动作跟随和动作重叠

　　动作跟随是指物体的运动超过了它应该停止的位置然后折返回来，直到停止的位置。

----

① 图片来源：[英]查理德·威廉姆斯. 原动画基础教程[M]. 邓晓娥，译. 北京：中国青年出版社，2006：103.

动作重叠是指当主要动作改变动作方向或状态时，其角色的附属物却仍按原动作方向运动，而不会立刻停止。

（六）运动弧度

运动弧度普遍存在于各种动作之中，因为现实生活中所有的动作都不是直来直去的，多少都会有些弧度，如图 4-4 所示。

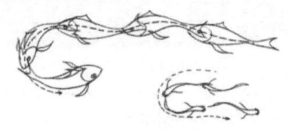

图 4-4　鱼游动的运动弧度

（七）时间、空间和节奏

节奏就是物体运动速度的快慢。这是动画原理中最基本的要素。

影响节奏的因素有时间、空间。在空间一定的情况下，时间越短，速度越快，节奏也就越快。

二、小球弹跳动画制作过程

（一）创建小球

1．创建球体

在工具栏中选择【多边形】命令，选择【多边形球形】模型，在场景中央创建一个球形模型。根据动画需求修改球体细分面数，如图 4-5 所示。

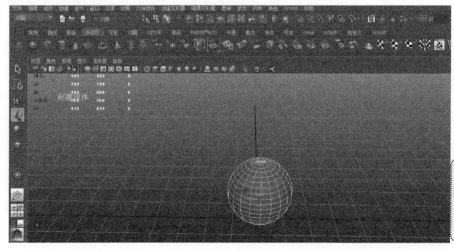

图 4-5　创建球体

2．修改参数

修改球体表面边数。根据动画需要，在 Maya 应用程序右侧的通道盒中，将输入栏中半径、轴向细分数、高度细分数的数值进行修改，如图 4-6 所示。

图 4-6　修改参数

3．预估小球弹跳动画时间

在一般动画中，小球弹跳 2 次的标准时间大概为 1 秒，即 24 帧。弹跳 2 次，即接触地面 2 次，可分为 5 个关键帧。关键帧分别是起始帧、第一次接触地面帧、第一次跳起帧、第二次接触地面帧、第二次跳起帧。

（二）创建关键帧

1．起始位置

小球弹跳运动初始位置为第 1 帧。此时在时间轴第 1 帧处按 S 键，完成关键帧设置，如图 4-7 所示。

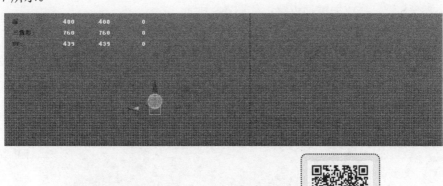

图 4-7　第 1 帧

小球在进行弹跳运动时会受到重力因素影响，每次弹起位置都会较前一次有所降低。

2．第一次接触地面

在第 7 帧时，小球第一次接触地面。长按空格键出现空格键热盒，拖动鼠标左键至【侧视图】处，将视图切换为侧视图。调整小球位置使小球底部与地面相切，此时在时间轴第 7 帧处按 S 键，完成关键帧设置，如图 4-8 所示。

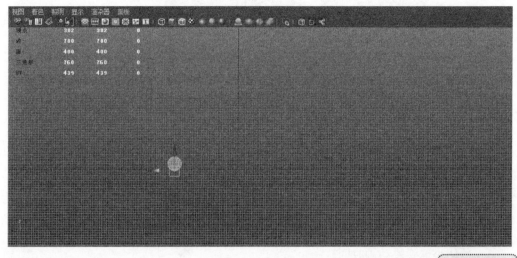

图 4-8　第 7 帧

3．第一次弹起

在第 13 帧时，小球第一次弹起。调整小球位置使小球向右上方向移动，此时在时间轴第 13 帧处按 S 键，完成关键帧设置，如图 4-9 所示。

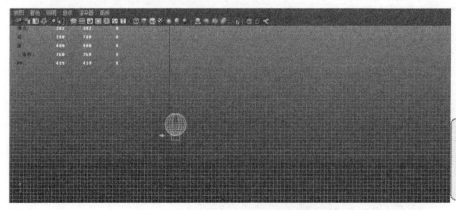

图 4-9　第 13 帧

4．第二次接触地面

在第 19 帧时，小球第二次接触地面。调整小球位置使小球底部再次与地面相切，此时在时间轴第 19 帧处按 S 键，完成关键帧设置，如图 4-10 所示。

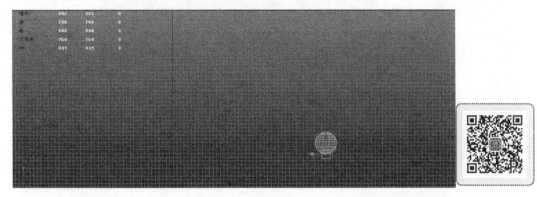

图 4-10 第 19 帧

5．第二次弹起

在第 24 帧时，小球第二次弹起。调整小球位置使小球向右上方向移动，此时在时间轴第 24 帧处按 S 键，完成关键帧设置，如图 4-11 所示。

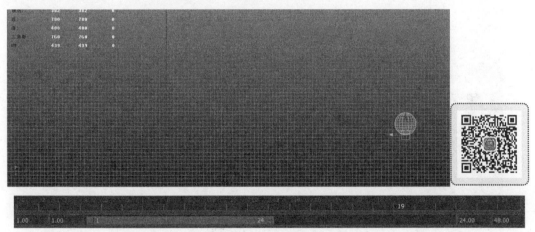

图 4-11 第 24 帧

（三）曲线编辑器调节动画节奏

1．小球弹跳的节奏规律

（1）小球在弹起的过程中速度由快变慢。

（2）小球在下落的过程中速度由慢变快。

（3）中间帧时小球位置的改变将会影响小球的速度。

2．曲线编辑器

在菜单栏中选择【窗口】|【动画编辑器】|【曲线图编辑器】命令，打开曲线图编辑器，如图 4-12 所示。

图 4-12　曲线图编辑器

　　使用曲线图编辑器可以以图表的形式对动画进行编辑，这样可以更方便、更有效地控制动画节奏。曲线图编辑器左侧为节点及动画属性列表，右侧是动画曲线显示窗。曲线图编辑器左侧栏中模型 X/Y/Z 轴的位置属性在右侧曲线图中均有显示。在左侧栏中选择任意一个坐标轴属性，右侧将只显示该坐标轴属性的动画曲线，如图 4-13 所示。

图 4-13　动画曲线

3．工具栏常用工具

曲线图编辑器工具栏的常用工具如图 4-14 所示。

图 4-14　曲线图编辑器工具栏

（1）移动工具。可以用于单独移动关键帧或者切线手柄。激活一条动画曲线，选择移动工具，拖动鼠标时动画曲线上距离鼠标最近的点会移动或者其切线会发生变化。

（2）插入关键帧工具。用于在选择曲线上插入新的关键帧。使用鼠标左键选择要插入关键帧的曲线，按住鼠标滚轮沿动画曲线拖动，在插入位置释放滚轮，在这个位置就会创建一个新的关键帧。用此工具新创建的关键帧不会改变原动画曲线的形状，新关键帧的切线将保持原动画曲线的形状，如图 4-15 所示。

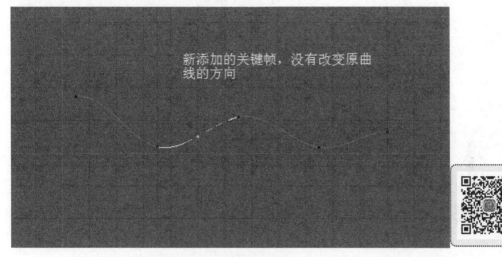

图 4-15　插入关键帧工具

（3）晶格工具。用晶格来调整动画曲线的形状。使用此工具后，用户选择的曲线或关键帧会被一个晶格包围，调整晶格点可以改变动画曲线的形状，如图 4-16 所示。

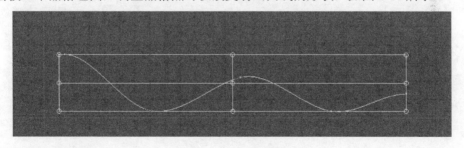

图 4-16　晶格工具

4．快捷键

（1）按 A/F 键：曲线最大化显示。

（2）按 Alt+鼠标滚轮组合键：移动曲线视图。

（3）按 Alt+鼠标右键组合键：缩放曲线视图。

（4）按 Ctrl+Alt+鼠标左键/鼠标滚轮组合键：框选局部，缩放局部曲线视图。

（5）按 Shift+Alt+鼠标右键组合键：向上下拖动鼠标，竖向缩放曲线视图；向左右拖动鼠标，横向缩放曲线视图。

（四）小球的弹性运动

（1）小球在弹跳的过程中会因速度与重力的因素影响而发生形变。在开始下落的时候，小球会随着运动方向发生形变。第 1 帧时球体的形状保持不变，从第 3 帧开始球体产生形变，如图 4-17 所示。

图 4-17　产生形变

（2）当小球即将到达地面的时候拉伸最大，如图 4-18 所示。

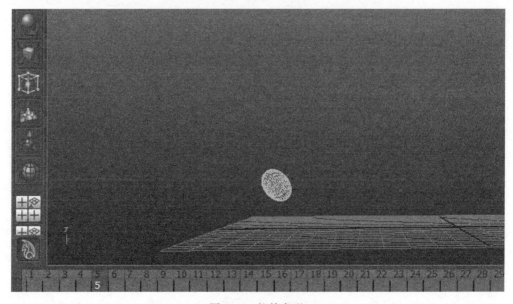

图 4-18　拉伸变形

（3）在小球接触到地面的那一刻，因为运动被地面所终止，此时小球形状产生强烈的压缩，如图 4-19 所示。

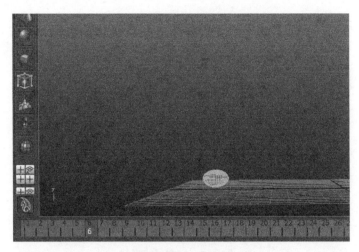

图 4-19　压缩变形

（4）在弹起的时候，小球运动速度最快，拉伸也最为厉害，如图 4-20 所示。

图 4-20　弹起拉伸

（5）当小球将要到达最高点的时候，形状即将接近小球初始形状，如图 4-21 所示。

图 4-21　接近初始形状

（6）当小球运动至最高点时，小球恢复原始形状，如图 4-22 所示。

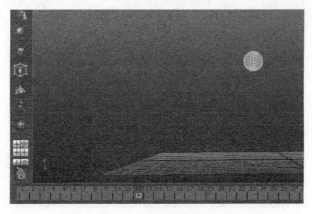

图 4-22　恢复原始形状

　　下次弹起时，小球运动与第一次弹起运动的规律相同。完成两次弹跳运动制作，形成小球弹跳运动完整动画。在曲线编辑器中可以设置小球运动循环弹跳。在时间轴上单击鼠标右键选择【播放预览】命令，在打开的【播放预览选项】对话框中单击【浏览】按钮，选择预览视频存储位置，单击【应用】按钮，完成预览视频储存，如图 4-23 所示。

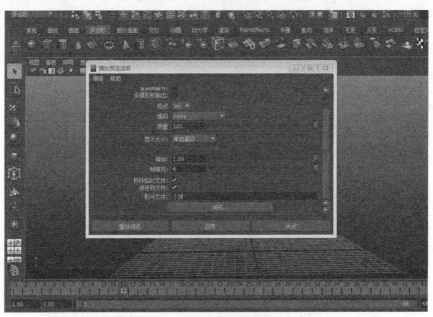

图 4-23　保存预览视频

小球弹跳

第二节　字母倒塌动画制作案例

一、坐标轴动画制作的基本原理

本章节以字母倒塌运动作为制作对象，不设置控制器，而是直接通过移动、旋转坐标轴的方式，再结合 K 帧，进行动画制作。

与前面的章节类似，都要先在第 1 帧按 S 键设置关键帧，保证起始状态是整齐的字母，如图 4-24 所示。

图 4-24　设置第 1 帧

虽然这是两个英文单词，但是每一个单词都由单独的几个字母组成，而且字母之间是互相分开的，每一个字母都是独立的个体。这也为我们对它们中的任意一个字母做动画提供了前提条件。但是，每一个字母在左右晃动时都会影响到周边的字母，这就涉及作用力和反作用力的影响因素。例如，字母 A 向右倾倒靠向字母 N 时，字母 N 就会受到力的作用而向右倾斜或者向右前方倾斜，而字母 A 受到反作用力的影响向左下方掉落。

字母的质感可以通过掉落到地面的反弹效果来表现。如果字母是泡沫的质感，则字母 A 掉落到地面会产生弹跳和翻滚运动；如果字母是玻璃材质，则字母 A 掉落到地面就会碎裂；如果字母是硬材质，则字母 A 掉落到地面既不会弹跳，也不会碎裂。

弹跳可以通过位移的变化而产生，翻滚可以通过调节旋转轴坐标来实现动画。

二、字母倒塌动画制作过程

1. 动作构思
构思字母倒塌的位置、顺序、方向。
2. 创建关键帧
选中所有字母，在时间轴单击右键选择【设置关键帧】命令，完成关键帧设置。

3．选择需要坍塌的字母

选中一个需要倒塌的字母，按 Insert 键，拖动鼠标左键调整字母的坐标轴位置，调整完成后再次按 Insert 键停止修改，如图 4-25 所示。

图 4-25　改变坐标轴位置

4．调整位置

单击字母模型，按 W 键切换为移动工具，对字母进行旋转、移动等操作。

在第 6 帧时，将字母 O 向字母 I 方向旋转。当二者相互碰撞的时候，按 S 键给字母 I 设置关键帧，并让其在字母 O 力的作用下向左倾倒。注意，字母 I 向左倾倒的时候也会给字母 O 一个向右的力，如图 4-26 所示。

图 4-26　字母位置调整

5．调整其他字母

利用相同的方法，制作出其他几个字母的倒塌。注意每个字母之间的相互作用力，如图 4-27 所示。

图 4-27　其他字母调整

6．调整落地字母

对落地字母进行着重调整。字母 N 受到字母 O 的撞击后落地，首先确定字母 N 的重心以及最先着地的位置，其次控制字母倒地的时间，塑造字母的质感，一般字母的坠落时间不要太长，如图 4-28 所示。

图 4-28　落地字母调整

7．调整弹跳字母

字母 N 在落地后会在地上弹跳 2 次，我们可以利用旋转工具完成这一操作。弹跳时间不宜过长，大概 10 帧左右即可，如图 4-29 所示。

图 4-29　字母弹跳

8．其他字母弹跳

利用相同的原理，调整好其他倒地字母的弹跳位置、幅度、时间。

注意，不要让所有的字母都倒塌。在制作字母倒塌运动时要使其布局合理，切忌过度平均、过度拥挤等问题，尽量使每一个字母都有不同的倒塌方式，避免雷同，如图 4-30 所示。

图 4-30　其他字母弹跳

9. 制造趣味

打破平均的节奏。可以设计一些小的细节打破运动惯性，增加倒塌运动的趣味性。

利用字母 C 的独特造型使其在最后左右摇摆，并带动字母 I 的运动。字母 C 的摇晃速度可以适当放缓，和前面的"快"节奏形成对比，体现节奏感，如图 4-31 所示。

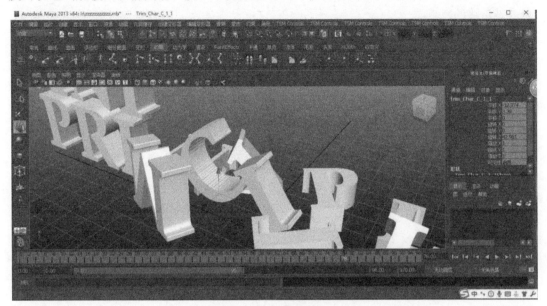

图 4-31　制造趣味性

此动画主要训练对倒塌和弹跳的时间、节奏、质感的把握，注意不同字母的坐标轴中心位置。

字母倒塌 1　　　　　　　　　字母倒塌 2

第三节　角色走路动画制作案例

一、走路动作的特点

不同的人有不同的走路姿态。比如，男人走路步幅大，女人走路步幅就小。不同年龄的人走路的速度也是不一样的。例如，小孩子走路的速度要比老年人走路快一些，两脚交叉运动的频率明显要比老人快。甚至当人的情绪不同时，走路的状态也是不一样的。比如，人兴高采烈地走路和垂头丧气地走路。但是，尽管如此，人的行走过程也是呈现一定规律的，为动画行走运动的制作提供了理论基础。

　　在制作中，走一步可以分为 5 个关键帧，分别是左右脚交叉的 2 个接触地面帧、1 个过渡帧、1 个下降帧即行走时的最低点、1 个上升帧即行走时的最高点，如图 4-32 所示。这样的 5 个关键帧共同完成了一步，形成了一个 S 形的波浪线。有一个最高点和一个最低点就是走路的特点。

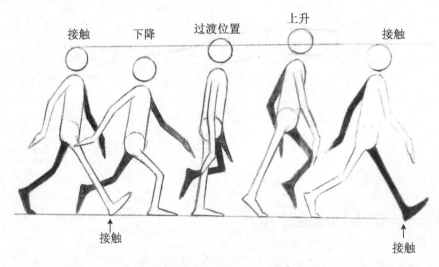

图 4-32　行走关键帧动作①

二、走路运动的规律

　　走路是一个向前扑并及时站稳不致摔倒的过程。走路时上身前倾，一只脚卖出去的同时要保持身体平衡。就这样迈一步、站稳、迈一步、站稳、迈一步、站稳……如何保持身体平衡和行走和谐，是我们总结走路规律时思考的第一要素。

　　1. 交替规律

　　仔细观察正常人走路的姿态，我们会发现两脚与两手臂是交替进行的：左手在前时，右脚也在前；右手在前时，左脚也在前。

　　2. 肩膀和胯部运动规律

　　如果把肩膀和胯部看作两条横线，你也会发现他们和手臂、脚部的摆动一致，交替进行。

　　3. 手臂运动规律

　　手臂的摆动就像摆钟一样，以肩部为轴、手为锤呈弧线运动，画扇形。有时，手如果放松，就可以跟随手肘运动，有明显的随动效果。

　　4. 脚的运动规律

　　脚有落地—抬起—落地三个步骤。正常走路时是脚后跟先落地，脚尖再落地；抬脚

---

① 图片来源：[英]查理德·威廉姆斯. 原动画基础教程[M]. 邓晓娥，译. 北京：中国青年出版社，2006：108.

时，脚跟先抬起，脚尖再抬起。但起初脚尖朝下，当脚跟再次接触地面时，脚尖才会向上直到落下。

5. 头的运动规律

头上有眼睛，头部的朝向受到眼睛视线的影响，运动轨迹随着身体重心的变化呈现 S 曲线运动。

6. 身体重心的运动规律

从前一部分了解到，人行走一步的运动轨迹呈现 S 形曲线，也就是在纵向上重心呈现 S 形轨迹，在横向上由于受到双脚运动的影响，重心会随着左右脚的运动而发生变化。当左脚落地时，重心会落在左脚上；当右脚落地时，重心会落到右脚上。

7. 时间规律

正常人行走需要每秒 2 步，慢跑需要每秒 3 步，快跑需要每秒 4 步，飞跑要每秒 6 步。

三、行走动画的制作过程

1. 分析关键帧位置

正常情况下，2 步为一个循环，所需时间大概为 24 帧。

（1）接触位置与过渡位置。先确定接触位置与过渡位置的时间，如图 4-33 所示，在第 1 帧、第 6 帧、第 12 帧和第 17 帧的位置摆好模型的动作。第 6 帧的身体需向上调整，塑造人物的重量感。

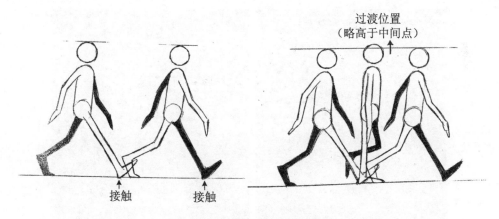

图 4-33　接触位置与过渡位置①

注意：制作每一个关键运动动作时，要按 S 键制作关键帧，防止因关键动作丢失而导致动画不流畅的状况发生。

在制作最后一步动画时，我们可以在时间轴上选中第 1 帧，单击鼠标右键，选择【复制】命令，复制第 1 帧关键帧，在第 24 帧处单击鼠标右键，选择【粘贴】|【粘贴】命令。

---

① 图片来源：[英]查理德·威廉姆斯. 原动画基础教程[M]. 邓晓娥，译. 北京：中国青年出版社，2006：107.

这样可以形成一个基本的行走动画循环，如图 4-34 所示。

图 4-34　复制关键帧

（2）在两个接触位置中间插入过渡位置。在第 3 帧时，人物的重心下移，达到最低点，手臂的摆动幅度达到最大。第 9 帧时处于上升位置，此时重心上移，身体前倾，手臂摆动幅度最小，如图 4-35 所示。

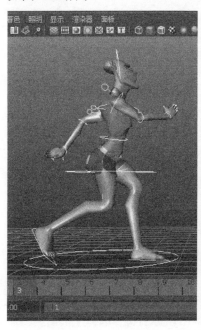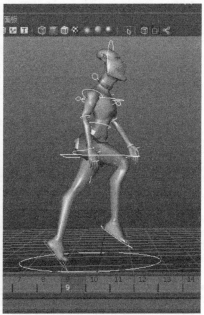

图 4-35　第 3 帧和第 9 帧

（3）确定身体运动下降与上升位置。在第 14 帧与第 20 帧时调整出下降位置与上升位置，如图 4-36 所示。

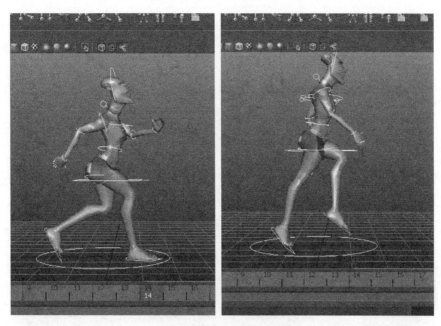

图 4-36　第 14 帧与第 20 帧

2. 四肢动画

现在已经有了一个初步的行走循环。为了使其更加生动形象，我们还需对其胳膊、脚掌、肩胛、胯部、头部做更细致的调整。

（1）调整胳膊。行走中，胳膊向后甩的时候会产生惯性，当大臂甩到最高点时，小臂会继续向后甩动，手腕次之。单击大臂的控制器，复制第 12 帧大臂的关键帧到第 13 帧和第 14 帧，同时在第 13 帧和第 14 帧调节小臂和手腕的摆动幅度，如图 4-37 所示。

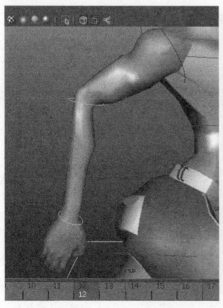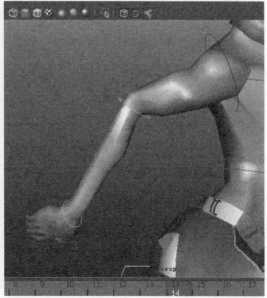

图 4-37　第 13 帧和第 14 帧胳膊动作

（2）打断关节。为了使手臂摆动更加灵活，在手臂落下并即将抬起的那一帧将关节反向弯曲，俗称"打断关节"。这样可以增加手臂摆动的弹性，使动画更加生动，如图 4-38 所示。

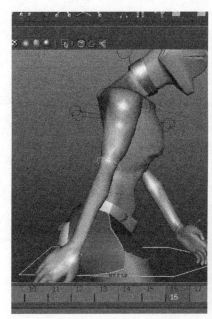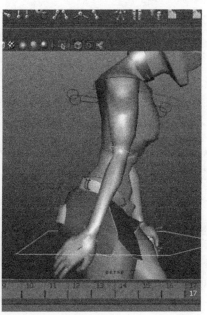

图 4-38　打断关节

（3）脚部动作。脚部动作如图 4-39 所示。

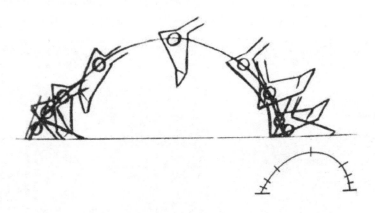

图 4-39　脚部动作①

制作走路或跑步动画时，可以脚后跟伸平固定在地面上，以产生重量感。在脚向后伸到最后一刻时，利用 Maya 应用程序右侧通道盒中的 Raise Toe 和 Raise Heal 调整脚尖与脚后跟的弯曲度，如图 4-40 所示。

---

① 图片来源：[英]查理德·威廉姆斯. 原动画基础教程[M]. 邓晓娥，译. 北京：中国青年出版社，2006：213.

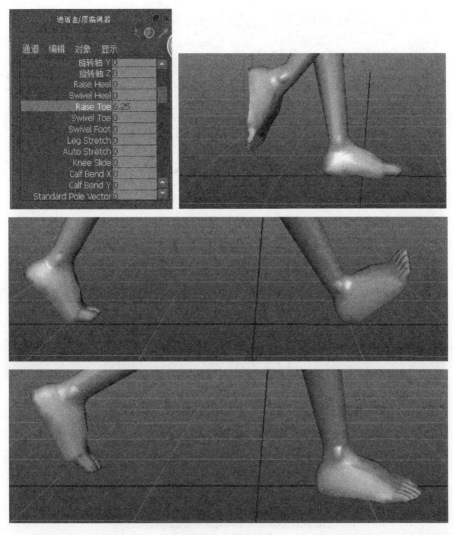

图 4-40　脚部动作

（4）肩胛与胯部的动作。制作肩部动作，第 1 帧时右臂向前摆动，左肩向下向后移动，第 6 帧回到水平位置，第 12 帧左臂向前摆动，右肩向下向后移动，如图 4-41 所示。

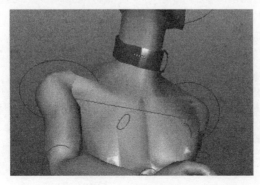

图 4-41　肩部动作

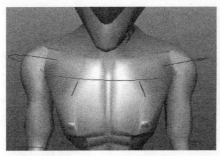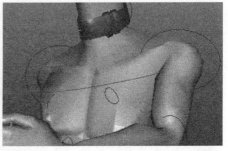

图 4-41　肩部动作（续）

　　制作胯部动作，第 1 帧时左腿向前、左胯上移，第 6 帧回到水平，第 12 帧右腿向前、右胯上移，如图 4-42 所示。

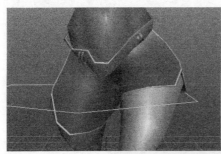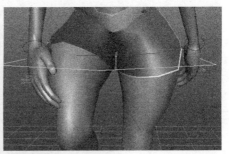

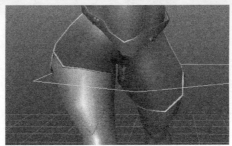

图 4-42　胯部动作

　　根据此原理，调整所有关键帧的肩胛、胯部位置。

　　（5）头部动作。走路时，身体的每一部分都有或多或少的运动，设置头部运动会给整体添加些许趣味性，使其更加生动，如图 4-43 所示。

图 4-43　头部动作

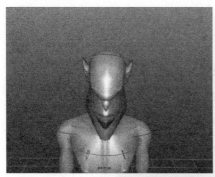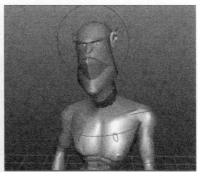

图 4-43　头部动作（续）

头部运动没有固定的运动轨迹，在正常合理的范围内运动即可。

3．衣服、头发、脂肪的跟随运动

身体向上时，人物的衣服会出现褶皱，其头发或其他柔软部位向下移动。同样夸张一点，可以让臀部、胸部及头发的上下运动与身体的上下移动方向相反。

在时间轴上选中第 1 帧，单击鼠标右键，选择【复制】命令，在第 24 帧处单击鼠标右键，选择【粘贴】|【粘贴】命令，将第 1 帧关键帧复制到第 24 帧处，如图 4-44 所示。

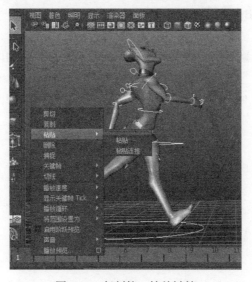

图 4-44　复制第 1 帧关键帧

在时间轴上单击鼠标右键选择【播放预览】命令，即可查看制作好的走路运动视频，如图 4-45 所示。

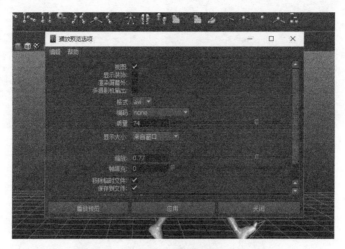

图 4-45　播放预览

卡通走路 1　　　　卡通走路 2　　　　卡通走路 3　　　　卡通走路 4　　　　走路变形 1

第四节　角色循环跑步动画制作案例

一、循环跑步动作的规律

角色跑步动画与走路动画在时间节奏、动作幅度上有一定的区别。从时间节奏上看，走路动画需要用 25 帧，而跑步动画用 17 帧即可。从动作幅度上看，由于跑步速度较快，会有双脚离地腾空的瞬间，而走路过程中至少有一只脚是接触地面的。同时，跑步时身体向前倾的幅度也较大，如图 4-46 所示。

图 4-46　跑步动画关键帧

图 4-46　跑步动画关键帧（续）

二、跑步动画制作过程

（一）创建地面，新建控制器图层

在工具栏中选择【多边形】命令，选择【多边形平面】模型，在场景中央创建一个平面模型。选择角色身上所有控制器，在 Maya 应用软件右下菜单中选择【显示】|【层】|【创建空层】命令，新建一个图层并重命名为 Kongzhiqi，如图 4-47～图 4-49 所示。

图 4-47　新建地面

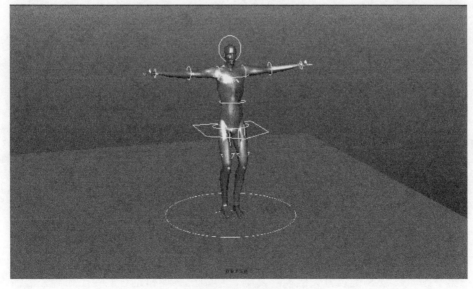

图 4-48　导入模型

图 4-49　新建图层

（二）设置第 1 帧关键帧

角色在奔跑时，重心会上下成波浪形运动。随着左右腿的交替运动，重心在横向上也会发生位移。在角色跑步运动中，第一个关键动作是左脚腾空，右脚跟着地，此时重心应该偏向右腿，上半身也会下压。

手臂摆动与脚的摆动成交叉，肩膀与胯部成交叉，摆动幅度也相较于走路更大一些。

调整完成后，在 Maya 应用软件右下【显示】栏中，单击 Kongzhiqi 图层，单击右键选择【执行选择对象】命令，在时间轴上选中第 1 帧，单击鼠标右键选择【复制】命令，在第 17 帧处单击鼠标右键选择【粘贴】|【粘贴】命令，将第 1 帧关键帧复制到第 17 帧处，如图 4-50 所示。

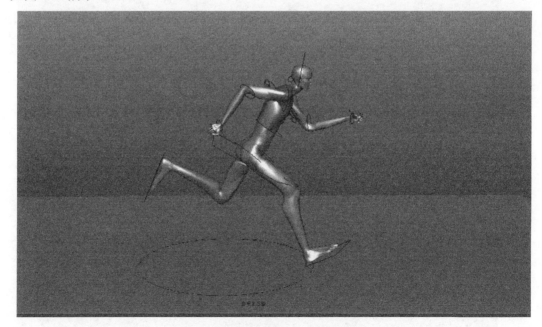

图 4-50　跑步运动第 1 帧与第 17 帧

（三）设置关键帧

在第 9 帧时，按 S 键设置关键帧。复制、粘贴左右脚和左右手的控制器关键帧，腰部的左右运动方向与第 1 帧相反。此时建议在透视图中进行调整，如图 4-51 所示。

图 4-51　第 9 帧

（四）调整中间帧

第 3 帧与第 11 帧为中间帧。第 3 帧为最低点，脚完全落下，重心下移，手臂靠近躯干。第 11 帧与第 3 帧动作相同，左右的运动动作与第 3 帧动作相对称。将第 3 帧右脚、左手和跨部的控制器关键帧复制到左脚、右手和跨部的控制器关键帧上即可，如图 4-52 和图 4-53 所示。

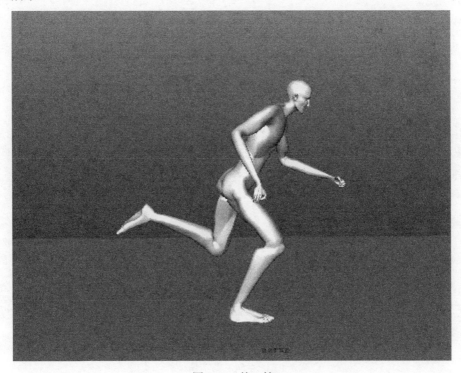

图 4-52　第 3 帧

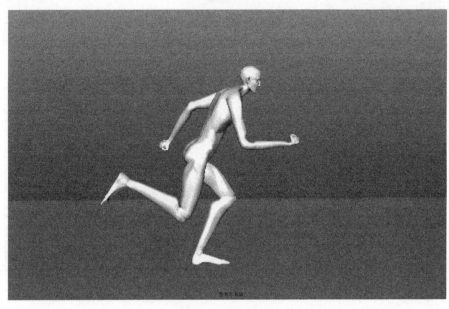

图 4-53　第 11 帧

（五）调整最高点动作

跑步运动中最高点分别是第 7 帧和第 15 帧。跑步运动的最高点是脱离地面的，处于腾空状态。调整好四肢的动作，脚尖自然下垂，在侧视图中将重心向上调整，如图 4-54 和图 4-55 所示。

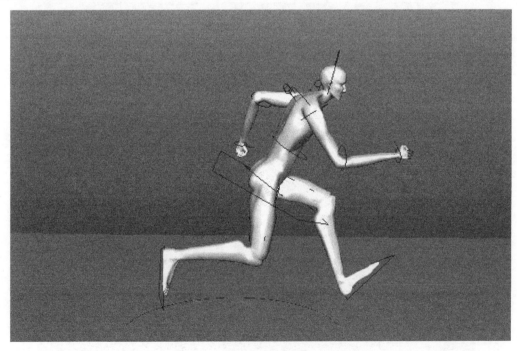

图 4-54　第 7 帧

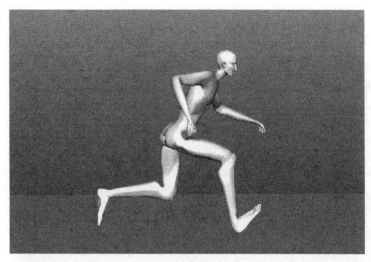

图 4-55　第 15 帧

三、曲线编辑器调整细节

（一）选择胯部控制器

因为胯部在第 1 帧、第 9 帧、第 17 帧进行了设置，中间只需要平滑地过渡就可以。

首先选择胯部控制器，在菜单栏中选择【窗口】|【动画编辑器】|【曲线图编辑器】命令，在打开的【曲线图编辑器】对话框右侧的曲线图中，框选第 3 帧、第 5 帧、第 7 帧以及第 11 帧、第 13 帧、第 15 帧的点进行删除，如图 4-56 所示。

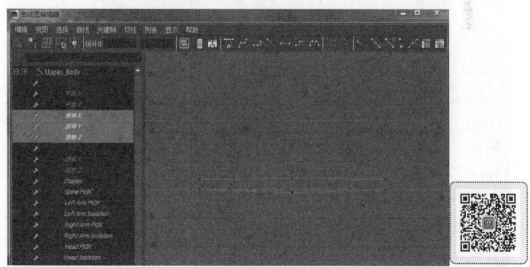

图 4-56　胯部曲线图

（二）选择肩膀控制器

选择肩膀控制器，在菜单栏中选择【窗口】|【动画编辑器】|【曲线图编辑器】命令，

在打开的【曲线图编辑器】对话框右侧的曲线图中，框选第 3 帧、第 5 帧、第 7 帧以及第 11 帧、第 13 帧、第 15 帧的点进行删除，如图 4-57 所示。

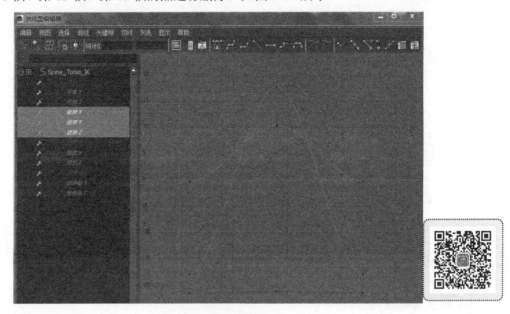

图 4-57　肩膀曲线图

（三）选择手肘和手腕控制器

手肘和手腕只保留第 1 帧、第 9 帧以及第 17 帧，其他的可以删除，如图 4-58 所示。

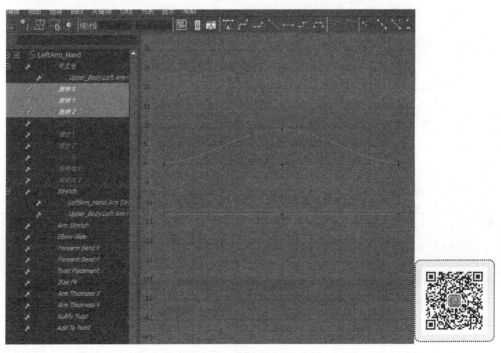

图 4-58　手肘和手腕曲线图

四、添加跟随动作

（一）手部跟随

在第 4 帧和第 12 帧调整手肘的位置，向运动的反方向调整，如图 4-59 和图 4-60 所示。

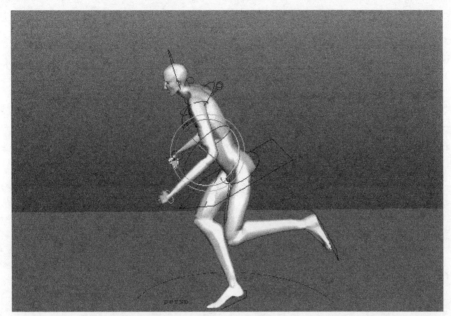

图 4-59　第 4 帧

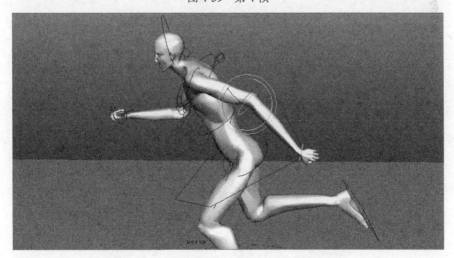

图 4-60　第 12 帧

（二）脚部跟随

在第 3 帧与第 11 帧调整动作，向反方向运动。在第 7 帧与第 15 帧调整动作，向反方向运动，如图 4-61 和图 4-62 所示。

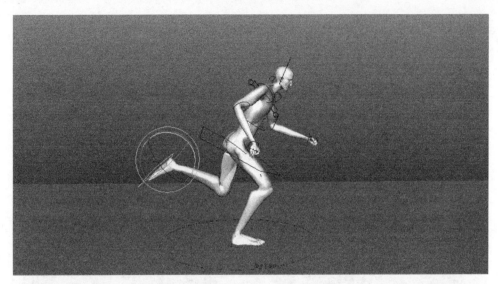

图 4-61　第 3 帧

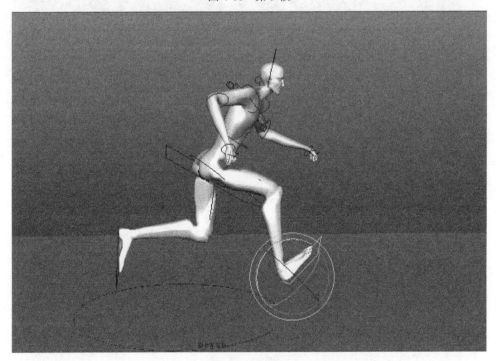

图 4-62　第 11 帧

跑步 1　　　　　　跑步 2　　　　　　追逐跑

第五节　角色跳跃动画制作案例

一、跳跃动作的规律

动画卡通角色的跳跃动作可以适当进行夸张处理，就如同小球和弹簧一样，有预备、拉伸、压缩、恢复等过程，如图 4-63 所示。

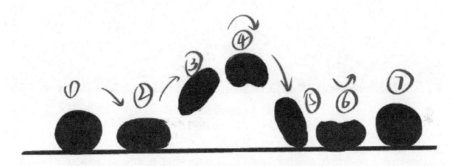

图 4-63　小球运动的拉伸和压缩

角色跳跃时身体曲线如图 4-64 所示。

图 4-64　角色运动的拉伸和压缩[①]

二、跳跃动画制作过程

（一）创建地面

在工具栏中选择【多边形】命令，选择【多边形平面】模型，在场景中央创建一个平面模型，如图 4-65 所示。

---

① 图片来源：[英]查理德·威廉姆斯. 原动画基础教程[M]. 邓晓娥，译. 北京：中国青年出版社，2006：139.

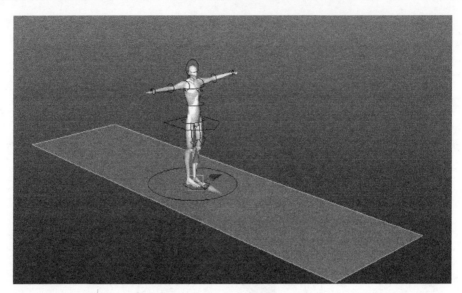

图 4-65　场景准备

（二）整理控制器

在大纲视图中选择全部的控制器，在 Maya 应用软件右下菜单中选择【显示】|【层】|【创建空层】命令，创建一个新的图层并重命名为 KONGZHIQI，注意不能用汉字。选择 KONGZHIQI 层，单击右键选择【执行选择对象】命令，在时间轴第 1 帧按 S 键设置关键帧，如图 4-66 和图 4-67 所示。

图 4-66　新建图层　　　　　　　　　　　　　图 4-67　设置关键帧

（三）第 1 帧摆出初始动作

手臂只能向 Y 轴旋转，因此，在通道栏中按鼠标右键锁定 X 轴和 Z 轴。注意重心稍微向下。摆放好第 1 帧关键帧的 POSE 后，选择所有控制器或者在 KONGZHIQI 图层中单击右键选择【执行选择对象】命令，按 S 键设置关键帧，如图 4-68 所示。

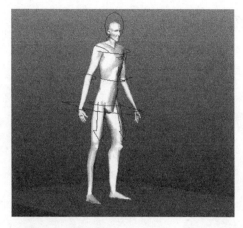

图 4-68　第 1 帧

（四）第 7 帧关键帧设置

选择所有控制器，按 S 键设置关键帧。参考第二个关键 POSE 图，调整角色动作，如图 4-69 所示。

图 4-69　第 7 帧

（五）第 27 帧关键帧设置

先摆放第 27 帧落地的位置动作 POSE。因为只有先确定好落地点位置，中间的两个动作关键帧才可以更为灵活地进行确定，如图 4-70 所示。

图 4-70　第 27 帧

（六）选择第 23 帧，调整接触帧

因为跳跃接触地面后，脚的位置是不变的。因此，我们选择将调整后的 27 帧复制到第 23 帧上，调整身体的动态，如图 4-71 所示。

注意：脚在落地时，脚跟先着地，紧接着脚尖着地，重心前移。

图 4-71　第 23 帧

（七）第 37 帧关键帧设置

按照图 4-72 左侧人物的 POSE 调整动作，按 S 键设置关键帧。人在站立时身体微微向前倾，因此，在调整动作时，我们可以将重心稍微靠前，放置在两脚之间。

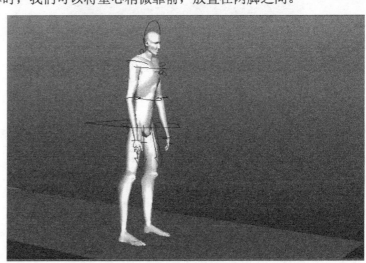

图 4-72　第 37 帧

（八）第 17 帧关键帧设置

在第 17 帧时，按照图 4-73 右侧二维设定中的 POSE 调整起跳的最高点动作，按 S 键设置关键帧。

图 4-73　第 17 帧

选择胯部控制器，在菜单栏中选择【动画】|【创建可编辑运动轨迹】命令，在打开的【运动轨迹选项】对话框中选中"显示帧数"选项，单击【创建运动轨迹】按钮，完成运动轨迹的创建，如图 4-74 所示。

图 4-74　运动轨迹选项设置

三、细化调整动作

（一）运动轨迹调整

根据第二章动画运动规律的十二条黄金法则，我们已经了解到生物的运动呈现弧线运动轨迹时比较自然。因此，在角色下蹲过程中，可以让他呈现弧度运动。

在第 4 帧时调整重心的位置。在第 4 帧时，按 S 键设置关键帧，此时轨迹中会出现一个白点关键帧，选择这个点向右边移动，使轨迹呈现弧度。然后，选择图层，单击鼠标右键选择【执行选择对象】命令，在时间轴按 S 键设置关键帧。

在第 23 帧到第 27 帧时，身体动作不能太直。因此，选择第 25 帧，按 S 键设置关键帧，调整身体位移，如图 4-75 所示。

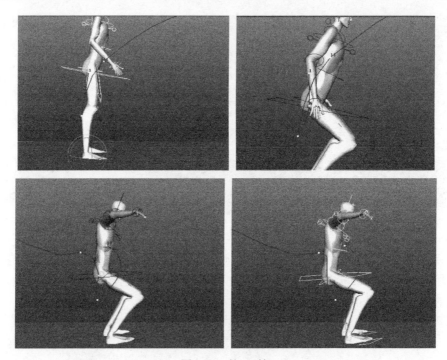

图 4-75　第 25 帧

（二）调整曲线编辑器

从运动轨迹中我们可以看到，曲线中很多地方是不平滑的，此时就需要在曲线编辑器中进行进一步调整。选择全部控制器，在菜单栏中选择【窗口】|【动画编辑器】|【曲线图编辑器】命令，在打开的【曲线图编辑器】对话框菜单栏中选择【切线】|【自动】命令，完成自动切线设置。此时，曲线与运动更加平滑，如图 4-76～图 4-78 所示。

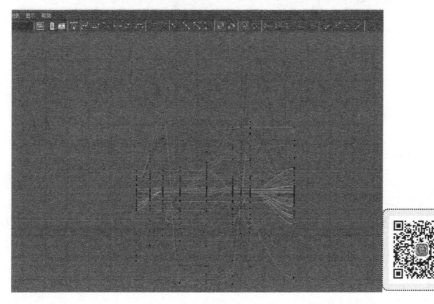

图 4-76　运动曲线

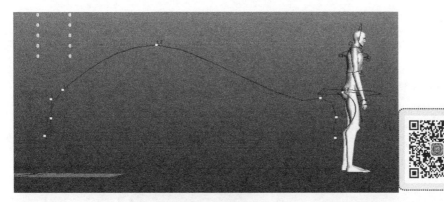

图 4-77　运动曲线

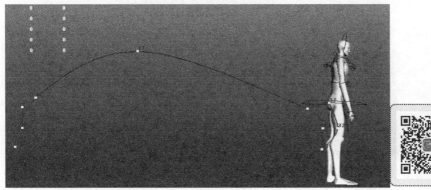

图 4-78　运动曲线

（三）身体跟随动作调整

1. 第 7 帧

第 7 帧是蹲下的预备动作，此时，修改曲线图编辑器时应注意重心先落下，上身、头部、手臂则没有直接落地，而相比重心来说动作较为缓慢、滞后，如图 4-79 所示。

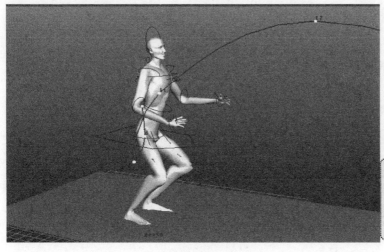

图 4-79　第 7 帧

2．第 9 帧

第 9 帧是第 7 帧与第 11 帧之间的过渡帧。第 7 帧是下蹲的最低点，第 11 帧是起跳时还未离开地面的关键帧。在修改曲线图编辑器时应注意重心先向上，此次是身体、头、手臂、手的追随动作，目的是让动作看起来更自然、柔软，如图 4-80 所示。

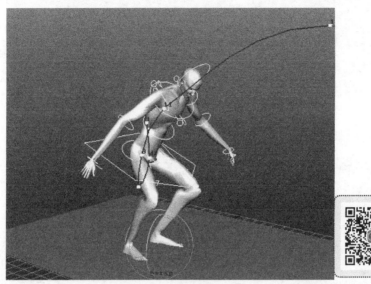

图 4-80　第 9 帧

3．第 32 帧

第 32 帧是第 27 帧与第 37 帧之间的过渡帧。第 27 帧是起跳落地后的关键帧，第 37 帧是站起来的关键帧。从落地的最低点到站起来平稳结束，这个过程是一个重心上升的过程，节奏由慢到快再到慢。因此，在修改曲线图编辑器时应注意随着重心的上升，身体先上升，紧接着肩膀、头、手臂、手腕到位。而第 32 帧的各部位位置相对较滞后，如图 4-81 和图 4-82 所示。

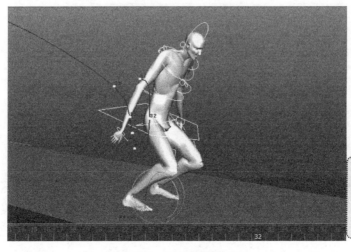

图 4-81　第 32 帧修改前

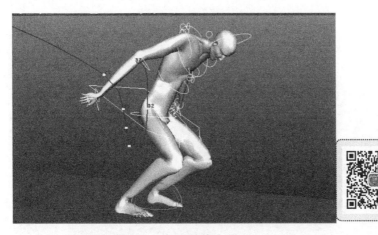

图 4-82 第 32 帧修改后

4. 第 20 帧

在第 20 帧修改曲线图编辑器时注意身体动作的流畅度，上半身应该相对向后倾斜，如图 4-83 和图 4-84 所示。

图 4-83 第 20 帧修改前

图 4-84 第 20 帧修改后

5．第 14 帧

在第 14 帧修改曲线图编辑器时注意从离开地面到最高点，脚尖应该始终朝向地面，且有滞后性，如图 4-85～图 4-87 所示。

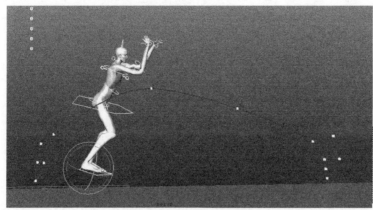

图 4-85　第 14 帧修改前

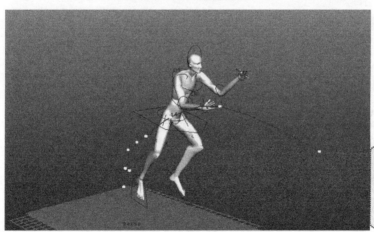

图 4-86　第 14 帧修改后

图 4-87　第 14 帧修改后侧视图

（四）手部细节的调整

1．第 6 帧

第 6 帧比第 7 帧手部动作要慢一个节拍，第 26 帧比第 27 帧手部动作要慢一个节拍，如图 4-88 和图 4-89 所示。

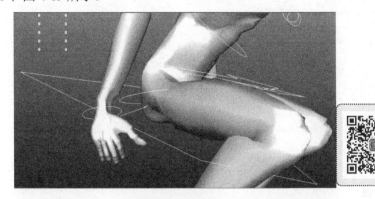

图 4-88　第 6 帧

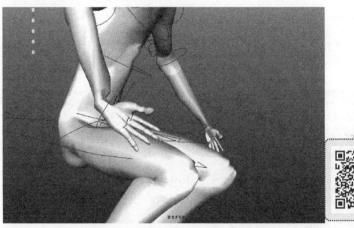

图 4-89　第 26 帧

2．第 35 帧

在第 35 帧时，手慢慢随身体抬起，但是速度较慢，同时需要将手向后调节，如图 4-90 所示。

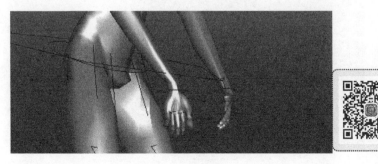

图 4-90　第 35 帧

复制第 37 帧到第 39 帧。当人站立时手会停止动动，因此在第 37 帧时，需要将手部的结构进行调整，如图 4-91 所示。

图 4-91　第 37 帧

四、摄像机设置

（一）摄像机设置

在工具栏中选择【渲染设置】命令，在打开的【渲染设置】对话框中单击【图像大小】按钮，将预设改为 HD 720。单击【关闭】按钮，完成设置，如图 4-92 所示。

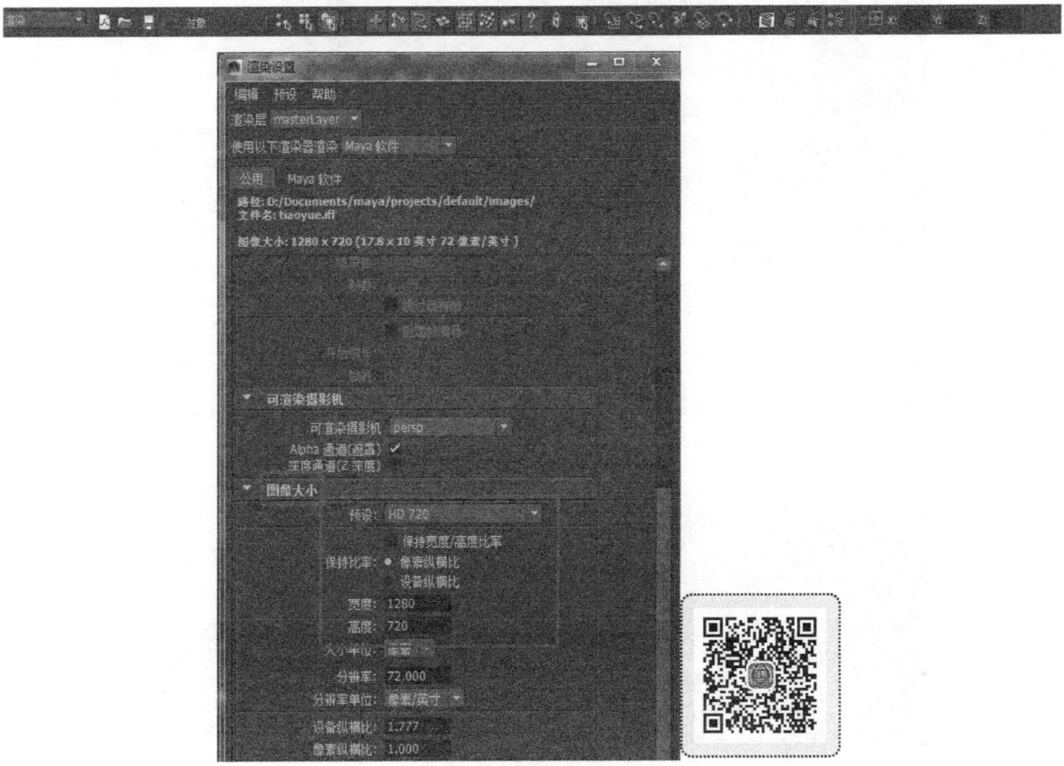

图 4-92　渲染设置选项

（二）打开摄像机镜头框

在视图工具栏中选择【分辨率门】命令，打开镜头框，如图 4-93 所示。

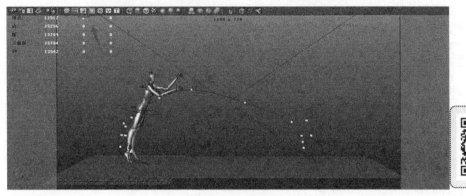

图 4-93　镜头显示框

（三）创建摄像机

首先，在菜单栏中选择【创建】|【摄像机】命令，创建一个摄像机。在视图菜单栏中选择【显示】命令，在【显示】下拉菜单中选中摄像机。其次，在视图菜单栏中选择【面板】|【透视】|【camera1】命令，设置通过 camera1 查看模型。最后，调整摄像机画面位置，如图 4-94～图 4-96 所示。

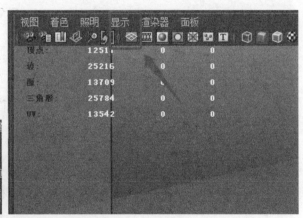

图 4-94　创建摄像机

图 4-95　选择面板

图 4-96　调整位置

五、关键帧效果

关键帧效果如图 4-97～图 4-111 所示。

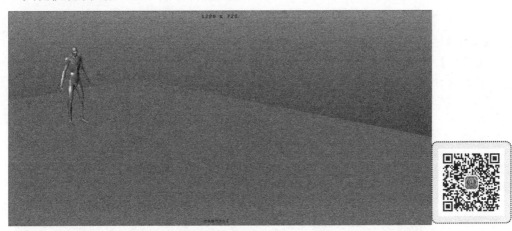

图 4-97　第 1 帧

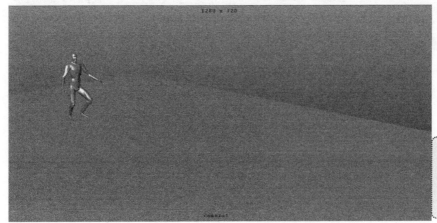

图 4-98　第 4 帧

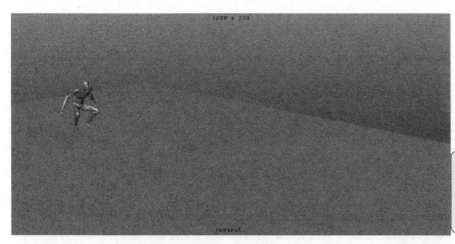

图 4-99　第 6 帧

图 4-100　第 7 帧

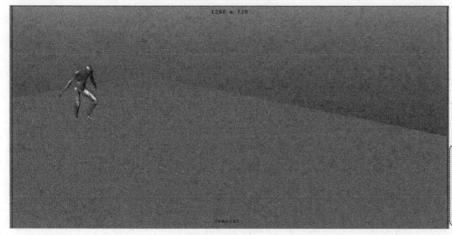

图 4-101　第 9 帧

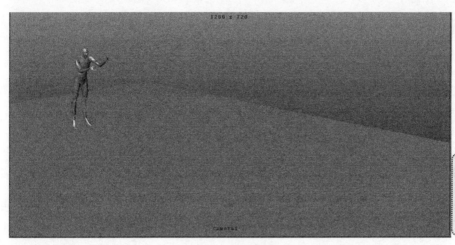

图 4-102　第 11 帧

图 4-103　第 14 帧

图 4-104　第 17 帧

图 4-105　第 20 帧

图 4-106　第 23 帧

图 4-107　第 27 帧

图 4-108　第 32 帧

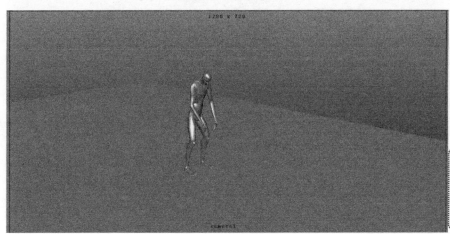

图 4-109　第 35 帧

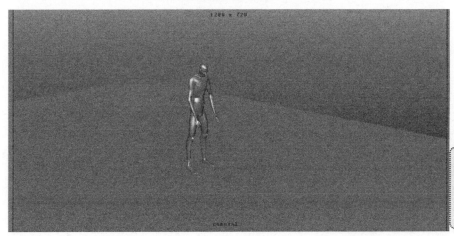

图 4-110　第 37 帧

图 4-111　第 39 帧

跳　　　　　　连续跳动　　　　　蹦跳　　　　　　跑跳　　　　　跑跳走

第六节　角色坠落动画制作案例

一、坠落动作的规律

　　人物在坠落时的动作可以分为背面朝地和正面朝地。在空中时，如果身体保持直立，受阻面则会相对较小，下落速度也较快。如果仔细观察跳伞运动员的动作，会发现他们基本上是正面面向地面，身体舒展开，最大限度地增大阻力面，减缓下降速度。

　　在本节案例中，由于角色是卡通角色，坠落动作不限，因此可以根据自己的喜好与创意来更改。而起始动作跟接下来发生的一系列动作息息相关，如图 4-112 所示。

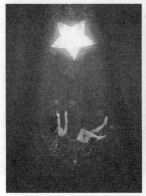

图 4-112　角色坠落

图 4-112　角色坠落（续）

二、坠落动画的制作过程

（一）打开或导入模型

1. 打开程序

在桌面上双击 Maya 应用程序图标，或者在桌面【开始】菜单中单击 Maya 应用程序图标，打开 Maya 应用程序窗口，如图 4-113 所示。

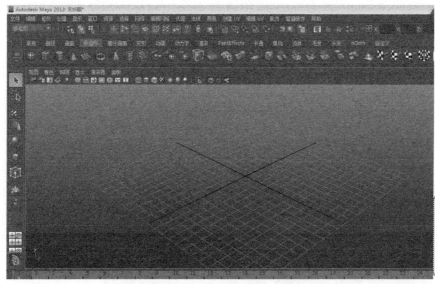

图 4-113　打开 Maya 应用程序

2．导入场景

在菜单栏中选择【文件】│【打开】命令，在【打开】对话框中选择要打开的文件夹，如图 4-114 所示。

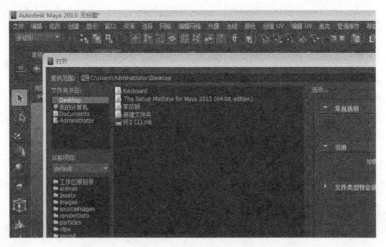

图 4-114　导入场景

注意：如果是项目文件，最好先设置好工程目录，并保证路径为英文，以免在以后的动画制作中出现问题。设置工程目录的方法：在菜单栏中选择【文件】│【项目设置】命令，在打开的【项目设置】对话框中指定项目文件储存路径，单击【设置】按钮，完成项目文件设置。这样，在菜单栏中选择【文件】│【打开】命令时，默认的文件夹都会是这个路径。同时也方便整体移动文件夹，防止文件丢失。

（二）设置运动关键帧

1．确定起始帧的位置以及 POSE 关键帧动作

选择控制器调整动作，在第 1 帧按 S 键设置关键帧。由于坠落的时间非常短，动作来不及调整，因此，初始动作与落地动作没有太大的变化，如图 4-115 所示。

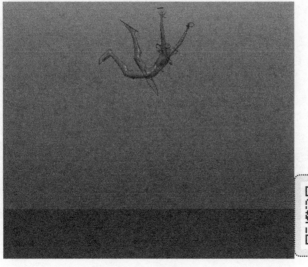

图 4-115　第 0 帧

先调整胯部的位置，其受重力影响下坠，四肢受空气阻力影响上飘，自然情况下两腿会一高一低，如图 4-116～图 4-119 所示。

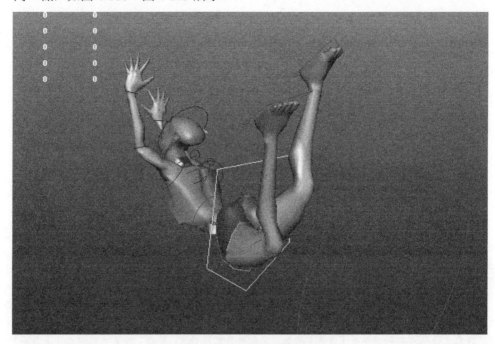

图 4-116　下落姿势侧视图

图 4-117　下落姿势侧视图

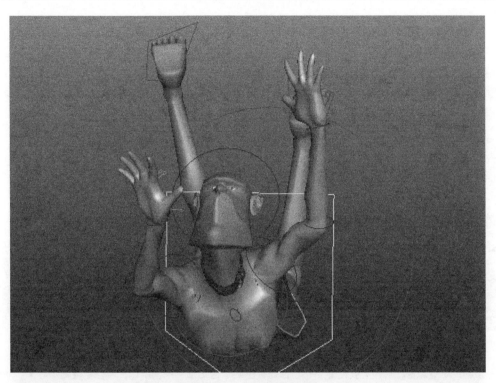

图 4-118　下落姿势前视图

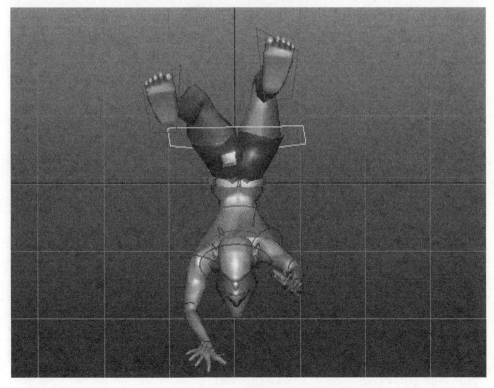

图 4-119　下落姿势俯视图

2. 第一次接触地面的关键帧

在第 10 帧，身体下落与地面接触，如图 4-120 所示。

图 4-120　第 10 帧

注意：模型落地时动作大致没有变化，但是会受到加速运动影响，所以，人会变得更加弯曲，四肢动作比第 1 帧要更加夸张，如图 4-121 所示。

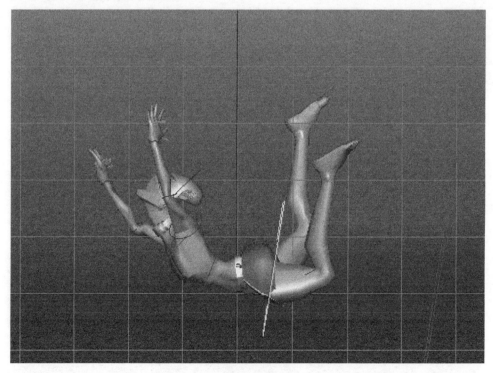

图 4-121　四肢动作

3．第一次弹起的最高点位置

身体第一次弹起后，大概在第 16 帧达到最高点，如图 4-122 所示。

图 4-122　第 16 帧

第一次弹起时速度比较快，也是弹起次数里面弹起距离最长的一次。这一帧指的是身体重心在第一次弹起时最高位置的一帧，如图 4-123 所示。

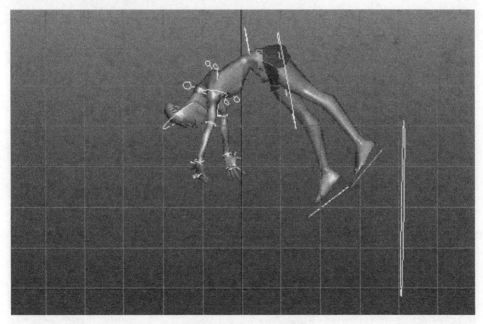

图 4-123　第一次弹起

4．第二次接触地面的关键帧

大概在第 23 帧身体第二次接触地面，如图 4-124 所示。

图 4-124　第 23 帧

身体第二次接触地面，随后紧接着第二次弹起，动作要紧凑，身体动作要流畅，如图 4-125 所示。

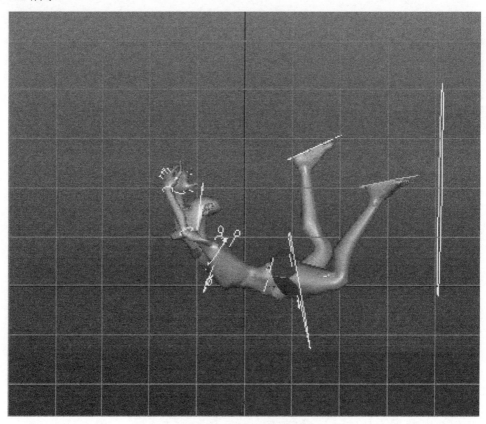

图 4-125　第二次接触地面

5. 第二次弹起的最高点位置

第二次弹起的最高点大概在第 28 帧，如图 4-126 所示。

图 4-126　第 28 帧

这次高空坠落一共设计了 2 次弹起，第二次弹起要比第一次弹起的高度低、距离短，如图 4-127 所示。

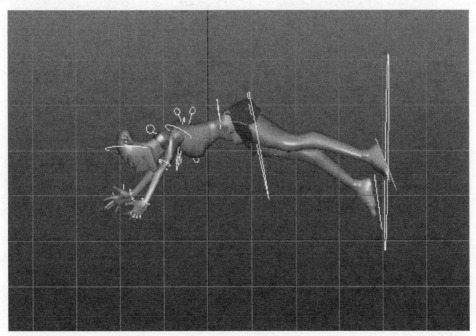

图 4-127　第二次弹起

6. 第三次接触地面的关键帧

在第 31 帧时，身体第三次接触地面，如图 4-128 所示。

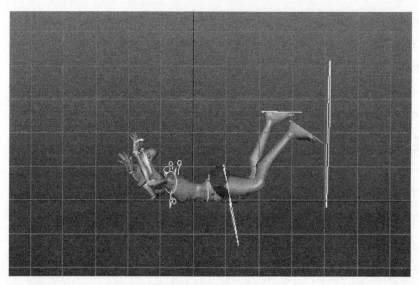

图 4-128　第 31 帧

7．弹起结束

　　最后，模型人物还要在地上抽搐几下，以增加真实感。抽搐幅度要逐渐减小，速度要逐渐减弱，最后在第 50 帧时动作停止，如图 4-129 所示。

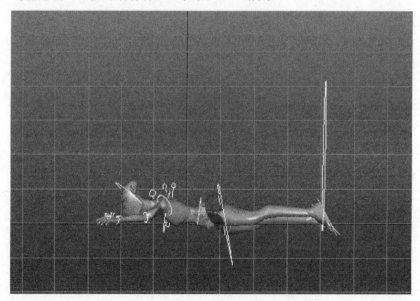

图 4-129　结束弹跳

（三）调整细节动作

1．自由落体的过程

　　第一次接触地面即第 1 帧到第 10 帧期间是身体自由落体的运动过程，受到重力影响，身体会产生加速运动，从而发生一定的形变，如图 4-130 和图 4-131 所示。

图 4-130　第 0 帧

图 4-131　第 10 帧

身体在运动过程中发生了轻微的形变，也产生了一些旋转，为了凸显加速运动的效果，可以在第 7 帧时略微向下调整模型的位置，如图 4-132 所示。

图 4-132　第 7 帧

2．第一次弹起到最高点

在第一次弹起的过程中，模型的臀部先着地，因此先弹起的也是臀部，而手臂与腿着地比较迟，弹起也会比臀部较迟，如图 4-133 所示。

图 4-133　臀部动作

从第一次接触地面到第一次弹起的最高点位置可以看出，模型的动作发生了很大的变化。模型先接触地面的部分将会先一步弹起，例如，臀部弹起到最高点的时候，手臂才刚刚离开地面，如图 4-134 所示。

图 4-134　第一次接触地面

臀部接近最高点时，身体呈现凸型，接下来的几帧身体将由弓型转变到平型，就像走路时的胳膊运动一样，大臂先到达位置，接下来小臂到达，随后是手掌、手指的变化，如图 4-135 所示。

图 4-135　第一次弹起

3．从第一次弹起的最高点到第二次接触地面

身体下落的速度要比弹起时的速度快很多，运动规律跟弹起的规律一样，部位不同，运动位置也不同，如图 4-136 和图 4-137 所示。

图 4-136　不同位置的不同运动

图 4-137 最高点到接触地面

在第 23 帧的时候臀部已经接触地面，而手臂与腿部还在最高点，如图 4-138 所示。

图 4-138 身体与四肢间存在下落速度差

身体第二次弹起跟第一次规律一样，弹起高度要低一点，幅度也小一点。

身体第三次接触地面后，要再加一些抽搐，增加真实感。

高空坠落 1　　　　　　　　　　高空坠落 2

第七节　角色投掷动画制作案例

一、投掷动作基本原理

（一）投掷动作的运动规律

投掷动作是由人体各部分的活动完成的，其目的是将身体各部分的作用集中和传递到投掷臂，最后作用于器械。为此，在投掷活动中身体各部分的活动表现出一定的规律性。

1. 关节活动顺序性

在投掷时，人体各环节按照由下而上的方法及时间顺序进行活动，因此能产生良好的投掷效果。

2. 人体各部分同时结束用力状态的特点

在投掷过程中，下肢稳固的支撑才能保证人体对投掷方向产生良好的用力状态。因此，正确的投掷技术，在表现出大关节带动小关节运动的同时，还应表现出大小关节同时结束用力状态的特点。

3. 身体重心位移及速度变化的规律

在投掷过程中，身体重心在投掷方向位移不间断的特点，是人体给投掷物产生良好施力状态的必要条件。在投掷时，身体重心还有快速下降的过程，这样能将更多的动量传递进而产生巨大推力的结果。

（二）投掷动作的结构

（1）预备阶段。

（2）动量积聚阶段。

（3）爆发用力阶段。

（4）缓冲阶段。

投掷动作分解如图 4-139 所示。

图 4-139　投掷动作①

---

① 图片来源：[美] Preston Blair.Cartoon Animation[M]，California：Walter Foster Publishing, Inc.1994：133.

二、投掷动画的制作过程

（一）准备工作

1．打开程序

在桌面上双击 Maya 应用程序图标，或者在桌面【开始】菜单中单击 Maya 应用程序图标，打开 Maya 应用程序窗口，如图 4-140 所示。

图 4-140　打开程序

2．打开场景

在菜单栏中选择【文件】|【打开】命令，在【打开】对话框中选择要打开的文件夹，如图 4-141 所示。

图 4-141　打开场景

（二）制定动作路径及关键帧时间

1. 起始帧

我们需要在起始帧处设计好角色开始运动的动作。角色手中拿着要被投掷的物体，站立姿势即可，也可以自己设计动作，如图 4-142 所示。

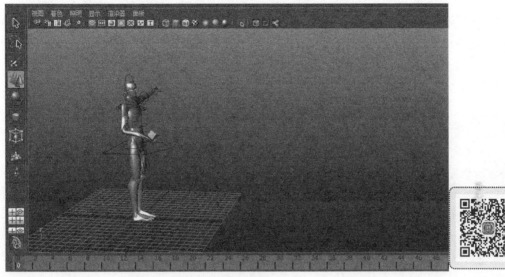

图 4-142　第 0 帧

2. 预备动作

这一帧为投掷的预备动作，预备动作的幅度大小可以体现出角色所用力气的大小，如图 4-143 所示。

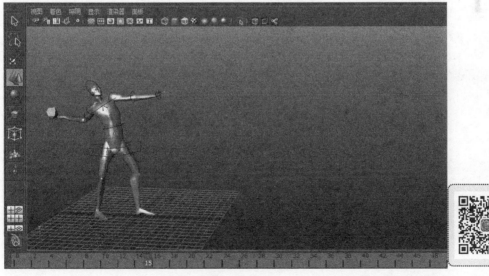

图 4-143　第 15 帧

3．小球离手

重心前移，整个人前倾，几乎跌倒，下一帧小球就离开手，但小球在之前已经被绑定在手腕上，不能分开。因此，需要在第 24 帧时，将原先绑定的小球显示设置为不可见，再另建一个小球，在第 24 帧时显示设置为可见，如图 4-144 所示。

图 4-144　第 23 帧

4．胳膊落下

第 30 帧完成了投球动作，胳膊落下，如图 4-145 所示。

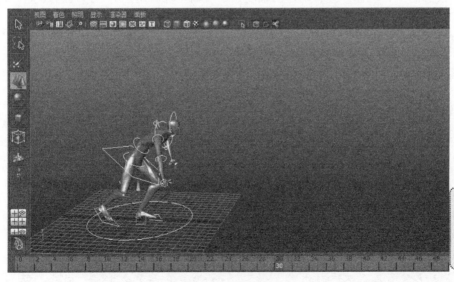

图 4-145　第 30 帧

5．身体缓冲

第 35 帧为投球运动后的缓冲动作，身体回落，重心向下，人往后坐，如图 4-146 所示。

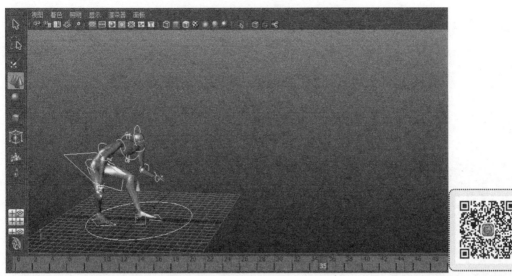

图 4-146　第 35 帧

6．身体微曲

第 56 帧时，身体慢慢起身，到达微曲的地步，动作逐个分解，缓慢发生，如图 4-147 所示。

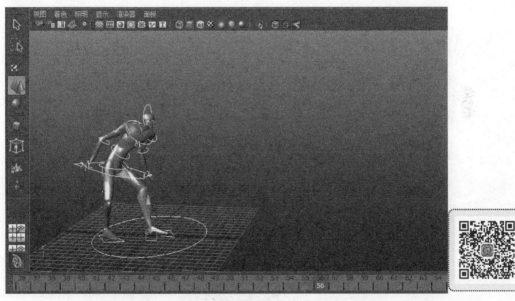

图 4-147　第 56 帧

（三）小球投掷的运动

1．小球的设置

起始帧时，需将手上的小球进行复制。选中小球，按 Ctrl+D 组合键复制出一个新的小球并拉出，如图 4-148 所示。

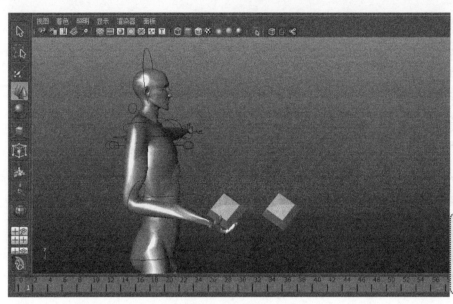

图 4-148　复制小球

　　第 23 帧单击原小球，在 Maya 应用程序右侧通道盒中将可见性设置为启用，单击复制的小球，在 Maya 应用程序右侧通道盒中将可见性设置为禁用。然后选中两个小球，按 S 键设置关键帧，如图 4-149 所示。

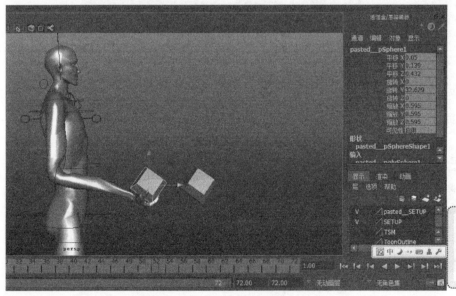

图 4-149　小球可见性属性设置

　　在第 24 帧的时候，原小球的可见性设置为禁用，复制小球的可见性设置为启用，同时按 S 键设置关键帧。这样前 23 帧只有原小球可见，24 帧后只有复制小球可见，如图 4-150 所示。

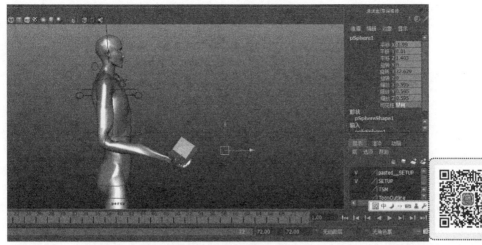

图 4-150　小球可见性属性设置

2. 小球与手父子关系的约束设置

为了使小球跟随手的运动而发生位移，这里可以使用父子约束。

（1）选中人物手腕控制器，长按 Shift 键加选原小球。

（2）在菜单栏中选择【约束】|【父对象】命令，在打开的【父约束选项】对话框中单击【添加】按钮，完成父子约束，如图 4-151 和图 4-152 所示。

图 4-151　动画模块

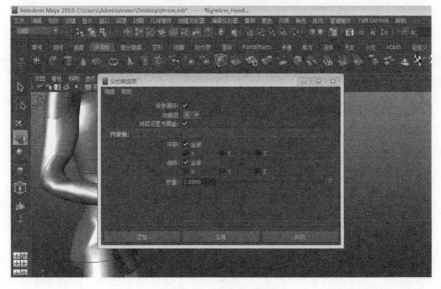

图 4-152　约束参数设置

投球

第八节　角色搬重物动画制作案例

一、搬重物动作的运动规律

　　"重"所带有的属性是人用足够大的力气才能够搬起来，而且质量越大，需要的预备动作和积蓄的力量也就越多。了解这一点特性之后大家就会明白，例如看到一个人搬东西，如果轻而易举地就能单手拿起来，说明这个物体很轻。这里的"轻"就是通过角色不费吹灰之力的动作传达出来的。相反，如果看到一个人搬东西时，先是思考了一下，再撸起左右手的袖子，将两腿分开，做很多预备动作来搬物体，我们就可以得知这个物体一定很重。因此，在动画中，一个物体的质量是小还是大，取决于角色的表演。这也是我们这一章节中重点强调的如何用动作来表现物体的质量。

　　搬物体的动作规律可以分为以下两种情况。

　　1．重物体动作规律

　　（1）大预备动作，即思考、撸袖子、双手举起。

　　（2）接触重物，双手碰触物体表面。

　　（3）再预备，即左肩、右肩交替晃动。

　　（4）第一次搬，重物不动，角色表情狰狞，胳膊绷直，没搬起来；第二次搬，重物慢慢被抬起，角色表情狰狞，青筋蹦起，用肚子挺起重物，腿部被压弯。

　　注意：物体质量越小，身体的弯曲程度也就越小。带着重物行走，物体质量越大，行走的速度也就越慢；相反，质量越小则行走速度就越快。

　　2．轻物体动作规律

　　（1）预备动作小，直接弯腰，没有复杂的预备动作。

　　（2）双手或单手接触物体，没有接触前的预备。

　　（3）表情舒缓，轻轻举起，身体直立，没有大的弯曲。

二、搬重物动画制作过程

（一）设置接触帧

　　在菜单栏中选择【文件】|【打开】命令，在【打开】对话框中选择要打开的文件夹，找到角色模型。在第 1 帧创建一个关键帧，调整好模型要摆的动作。这里将人物蹲下抱重

物的动态作为起始动作，即接触帧，如图 4-153 所示。

图 4-153　第 1 帧

（二）预备动作制作

第 3 帧创建抬起前的预备动作。因为动作是向后的，所以会有一个靠近重物的反向动作，头也会向后仰得更深，动作如图 4-154 所示。

图 4-154　第 3 帧

（三）关键帧制作

在第 6 帧创建一个即将搬起重物的关键帧，上半身向上、后方移动，头微微抬起，手臂绷起，如图 4-155 所示。

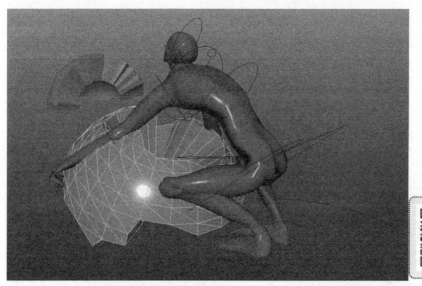

图 4-155　第 6 帧

（四）绑定设置

为了使重物始终固定在模型的手上，我们需要将重物与模型的手"绑定"起来。首先在第 5 帧选择重物，然后将 Maya 应用程序右侧通道盒中的可见性设置为启用，并单击鼠标右键选择【为选定项设置关键帧】命令，完成关键帧设置。在第 6 帧时，将重物可见性设置为禁用，并单击鼠标右键选择【为选定项设置关键帧】命令，完成关键帧设置，如图 4-156 所示。

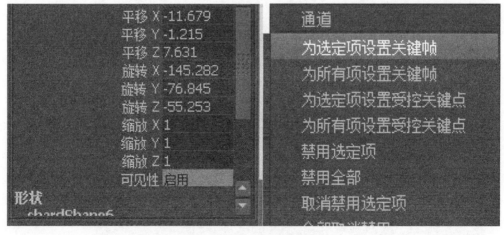

图 4-156　可见性关键帧设置

（五）可见性设置

选择重物，按 Ctrl+D 组合键复制一个新的重物。利用相同的原理，在第 5 帧将新的重物的可见性设置为禁用，第 6 帧将新的重物的可见性设置为启用，并单击鼠标右键选择【为选定项设置关键帧】命令，完成关键帧设置。图 4-157 显示的是第 6 帧时复制的重物。

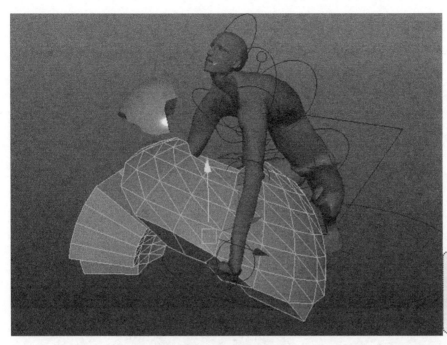

图 4-157　重物可见性设置

（六）父子约束设置

在第 6 帧，先选中左手手腕的控制器，再长按 Shift 键加选重物，在菜单栏中选择【约束】|【父对象】命令，在打开的【父约束选项】对话框单击【添加】按钮，完成父子约束。此时，重物已经和手绑定在一起。然后，检查两个重物间的衔接是否连贯、有无穿帮，如图 4-158 所示。

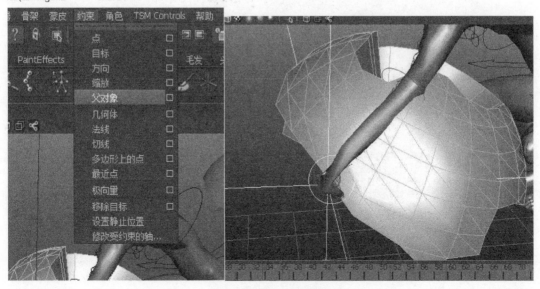

图 4-158　父子约束设置

（七）关键帧设置

在第 18 帧，用中间箭头形状的控制轴控制重心向后移动，此时头向后仰，脚的位置不动，最后按 S 键设置关键帧，如图 4-159 所示。

图 4-159　第 18 帧

在第 27 帧，此时模型站立，重心稍稍往前，身体呈 C 形。调整手臂的弯曲幅度，防止重物与身体重叠，最后按 S 键设置关键帧，如图 4-160 所示。

图 4-160　第 27 帧

　　在第 30 帧，将模型的左脚向后右方抬起，左脚尖向上抬起，膝盖弯曲，上半身向左转，左肩向下，肩胛倾斜角度与胯部相反。身体重心依旧在后方，最后按 S 键设置关键帧，如图 4-161 和图 4-162 所示。

图 4-161　第 30 帧

图 4-162　第 30 帧脚部

在第 34 帧，左脚落地，身子向左旋转约 45°，重心稍稍前移，身体弯曲幅度变小。注意调整模型右手和重物的关系，最后按 S 键设置关键帧，如图 4-163 和图 4-164 所示。

图 4-163　第 34 帧正面

图 4-164　第 34 帧背面

在第 37 帧，整个模型向后旋转，右脚向前迈出，身体因为惯性向后倾斜，左脚脚尖向内，最后按 S 键设置关键帧，如图 4-165 和图 4-166 所示。

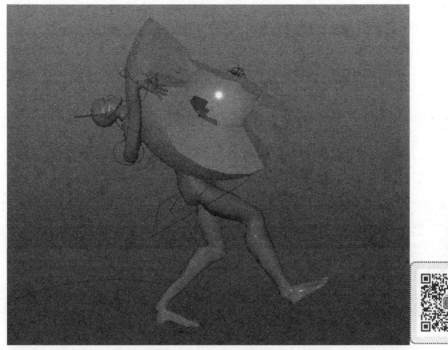

图 4-165　第 37 帧侧面

图 4-166　第 37 帧正面

在第 51 帧，右脚落地，呈弓步，左脚脚后跟稍稍抬起，上半身往前移，双手将重物举起，重心向下，头向后仰，最后按 S 键设置关键帧，如图 4-167 和图 4-168 所示。

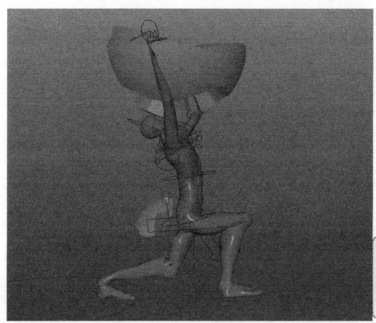

图 4-167　第 51 帧右侧面

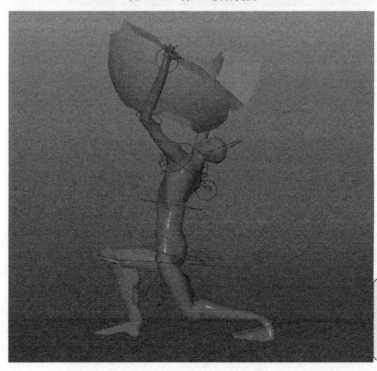

图 4-168　第 51 帧左侧面

　　在第 59 帧，这是一个扔重物的预备动作。此时身体向后移动，右脚向后跨一步，左脚稍稍抬起。这里要注意时间的节奏稍微快一些，双手举起重物向后，重心较低，最后按 S 键设置关键帧，如图 4-169 和图 4-170 所示。

图 4-169　第 59 帧侧面

图 4-170　第 59 帧正面

在第 64 帧，重心下移，右腿膝盖达到最低点，双手举起重物到头顶，上半身向后倾斜，呈反弓状态，最后按 S 键设置关键帧，如图 4-171 和图 4-172 所示。

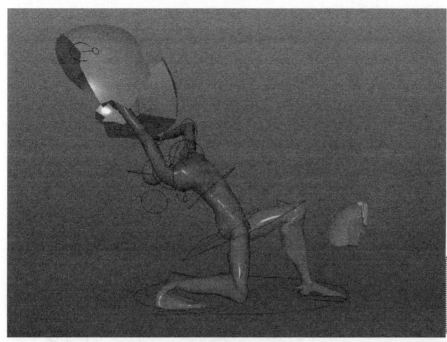

图 4-171　第 64 帧右侧面

图 4-172　第 64 帧左侧面

在第 77 帧，模型站立起来，重心回到中间，手臂在身体后方，左脚直立，右脚在后且稍稍离地，腹部在前，头微微下低，最后按 S 键设置关键帧，如图 4-173 和图 4-174 所示。

图 4-173　第 77 帧侧面

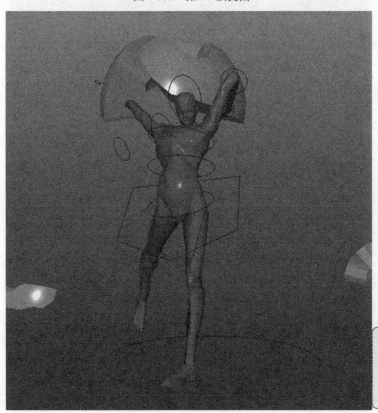

图 4-174　第 77 帧正面

按照下列照片顺序，分别在第 78 帧～第 81 帧调整出对应模型的动作。模型将重物扔出，身体随着惯性向下移动，此处要注意的是分解各个肢体的运动，胳膊的运动将跟随在身体之后。最后按 S 键设置关键帧，如图 4-175～图 4-178 所示。

图 4-175　第 78 帧

图 4-176　第 79 帧

图 4-177　第 80 帧

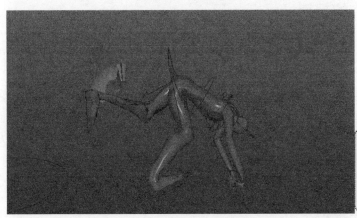

图 4-178　第 81 帧

在第 80 帧中将重物移动到远处，并按 S 键设置关键帧，如图 4-179 所示。

图 4-179　重物的关键帧

最后仔细检查关键帧,在大致的关键帧调整好后,对不合理或不协调的地方反复修改,并在细节上仔细调整。

搬重物

第九节　角色倒地动画制作案例

一、角色倒地动作的规律

不同重量的角色,倒地的速度和时间是不一样的。例如,身体很笨重、肥胖的人,倒地速度是很快的,但是瘦弱的人倒地速度就相对较慢。

运动机制:角色受到背后外力后,向前扑倒。膝盖先着地,带动上半身着地,紧接着肩部、头部、四肢着地。由于四肢的灵活性较好,因此会有很强的跟随动作。又因为人体倒地与地面接触后会受到地面对人体向上的反作用力,所以也会向上弹起。特别是上半身接触地面受到的反作用力较大,弹起的高度也会相应较大,四肢随之弹起后下落,但是运动时间相对滞后。

二、倒地动画制作过程

(一)创建控制器图层

打开模型文件,选择所有控制器,在 Maya 应用软件右下菜单中选择【显示】命令,在【显示】工具栏中单击【创建新层并指定选定对象】按钮,创建一个新图层并重命名为 kongzhiqi,如图 4-180 所示。

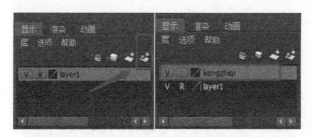

图 4-180　创建并命名新图层

(二)第 1 帧与第 3 帧做微动效果

动画中每一个自然灵活的运动都与预备动作密不可分。即使是很微小的动作,如果加入细微的反向预备动作，看上去也会灵活很多。

倒地运动时人物是向前扑倒的，因此，第 3 帧时胸部和头稍向前倾斜，如图 4-181 和图 4-182 所示。

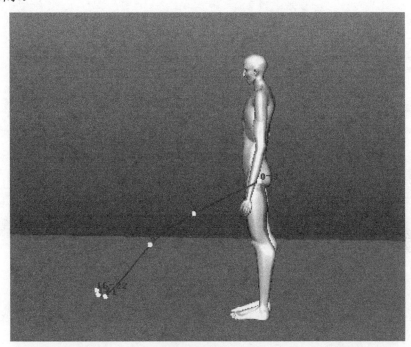

图 4-181　第 1 帧

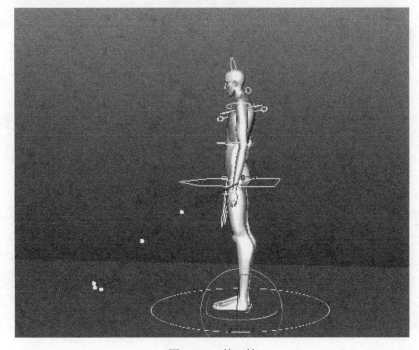

图 4-182　第 3 帧

（三）第 22 帧设置最终摔倒时的关键帧 POSE

注意身体与地面接触时不要穿过地面。人摔倒到地面时，头部转向侧面，如图 4-183 所示。

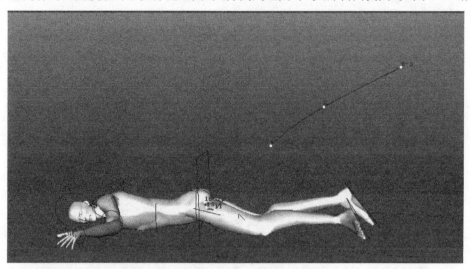

图 4-183　第 22 帧

（四）第 9 帧设置膝盖接触地面的关键帧 POSE

当膝盖接触到地面时，上半身相对胯部靠后，胸部、肩膀、头、手臂、手依次做跟随运动，如图 4-184 所示。

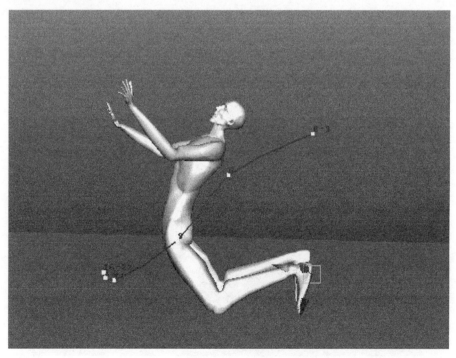

图 4-184　第 9 帧

（五）第 16 帧胸部接触地面，臀部由于受到撞击被反弹而起

第 16 帧时手臂、头、手全部接触地面。第 19 帧时臀部被弹到最高点，此时手、头也全部接触地面，如图 4-185 和图 4-186 所示。

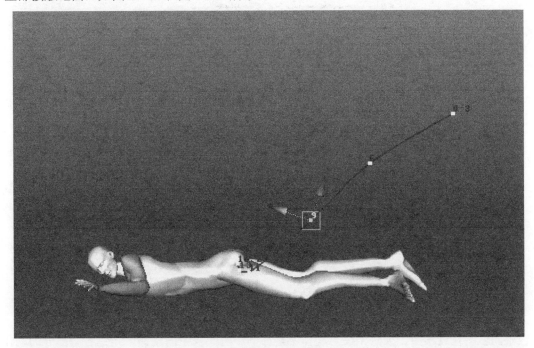

图 4-185　第 16 帧

图 4-186　第 19 帧

（六）第 21 帧臀部再次落到地面

手、头由于滞后的跟随动作被弹起，如图 4-187 所示。

图 4-187　第 21 帧

最后，根据角色不同性格添加不同姿势的中间帧，最终形成具有性格特色的倒地动作。在中间帧制作过程中，须时刻注意动作不是在同一时间发生的规律，角色各个部分的动作都有不同的时间节点。

☆ 本章小结

本章主要通过 9 个不同的动画案例来具体介绍三维动画的工作流程、制作步骤及各个肢体的运动规律。要创作出有血有肉的角色动画，就要不断地分解各个肢体动作，牢记所有动作都不是在同一时间发生的。掌握 Maya 动画模块原理并熟练运用运动规律才能做出个性鲜明的角色动画。

第五章　角色面部表情制作方法

 **本章导读**

本章节通过介绍角色面部表情的基本原理、Maya 软件中表情的制作方法和案例，让同学们在深入了解表情原理的基础上，运用软件工具创作出丰富的动画表情。

学习目标

➤ 了解角色表情动画的基本原理。
➤ 掌握基本口型、眉毛、眼睛的制作方法。
➤ 掌握混合变形制作表情的方法。
➤ 熟悉线变形制作眼部动画的方法。
➤ 掌握簇变形器的制作方法。

重难点分析

重点：理解表情动画的基本原理及动画中眉毛、眼睛、鼻子、嘴巴的表现方式。
难点：熟练运用不同方式的变形器。

第一节　分离头部

一、打开人物模型

（1）在菜单栏中选择【文件】|【打开】命令，在【打开】对话框中选择人物模型所在的文件夹，打开人物模型。在视图界面长按空格键出现空格键热盒，拖动鼠标左键至【侧视图】处，将视图切换为侧视图。选中人物模型，长按鼠标右键出现右键热盒，拖动鼠标右键至【面】处，释放鼠标；然后长按鼠标左键框选头部所有面。

（2）在工具栏中将【动画】模块更改为【建模】模块，在菜单栏中选择【编辑网格】|【分离提取】命令，在打开的【提取选项】对话框中选中"分离提取的面"选项，单击【关闭】按钮完成人物头部与身体的分离，如图 5-1 和图 5-2 所示。

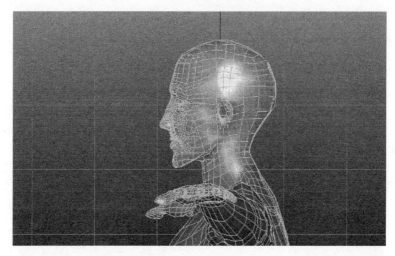

图 5-1　打开模型

图 5-2　分离提取面

二、整理坐标轴

单击人物模型，在菜单栏中选择【修改】|【居中枢轴】命令，将坐标轴的位置移动到头部中心，如图 5-3 所示。

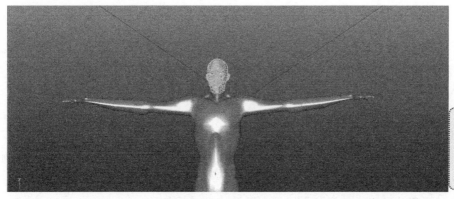

图 5-3　选择居中枢轴

三、导出模型

选中头部模型，按 Ctrl+D 组合键复制一个新的头部模型，按 W 键切换为移动工具，

将新复制的头部模型水平移动到原模型旁边。在菜单栏中选择【文件】|【导出当前选择】命令，在打开的【导出当前选择选项】对话框中，将文件类型改为 mayaBinary，单击【导出当前选择】按钮，完成头部模型的导出，如图 5-4～图 5-6 所示。

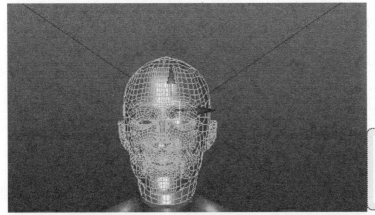

图 5-4　复制头部模型

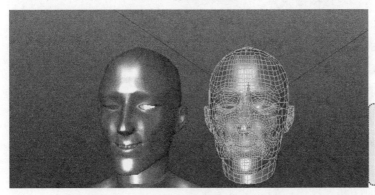

图 5-5　复制头部模型

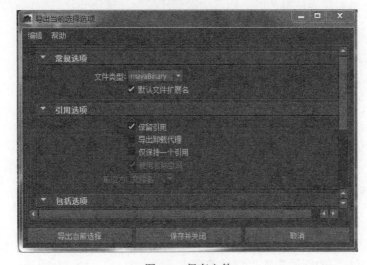

图 5-6　保存文件

第二节　用 CV 曲线调节眼睛动作

一、眼睛表情的规律

眼睛是心灵的窗口，其重要性不言而喻。特别是在影视作品中，观众看到画面时，往往最先被画面中角色的眼睛所吸引，然后才会去看画面中其他的东西。

眼睛的动作表现有以下 3 种情况，每一种情况随着心情的不同也会有不同的状态。

（一）双眼睁开

（1）开心时：由于内心是比较愉快的，心情也比较放松，因此眼睛会眯起来，呈现向下弯的形状。有的人眼睛小，眯起来时就好像已经闭起；有的人眼睛比较大，眯起来像向下弯的月牙。

（2）伤心失望时：眼皮微微张开。

（3）恐惧害怕时：眼眶张大，四周露出眼白。

（4）睡意蒙眬时：眼皮无力下垂。

（5）生气时：眼皮用力半睁，向中间聚拢。

（6）生病时：眼皮无力半睁，无神。

（7）注意力集中时：眼睛微开，较平。

（二）一只眼睁开，一只眼闭上

（1）给人抛媚眼时：闭合时间较长，有方向性。

（2）俏皮地笑时：相对速度较慢，呈月牙状。

（3）私下里和别人使眼色时：眨眼的时间比较短，速度也比较快，有方向性。

（三）两只眼睛都闭上

（1）睡觉时：双眼眼皮较轻松地闭合。

（2）头痛时：双眼紧闭，聚向中间，表示难受。

（3）与人接吻时：眼皮垂下，轻轻闭合。

二、CV 曲线制作眼睛动画步骤

（一）复制模型

在菜单栏中选择【文件】|【打开】命令，在【打开】对话框中选择要打开的文件夹，打开头部模型文件。选择头部模型，按 Ctrl+D 组合键复制 8 个头部模型，按 W 键切换为移动工具，将复制好的新的头部模型按顺序排开，如图 5-7、图 5-8 所示。

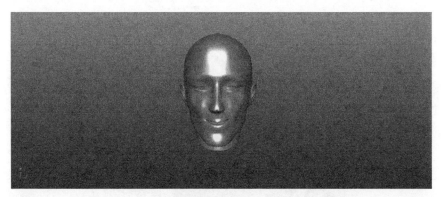

图 5-7　打开模型

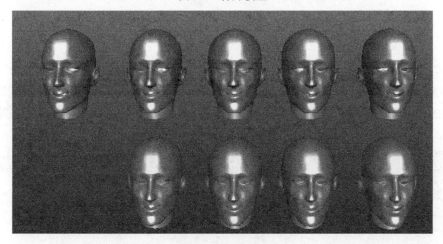

图 5-8　复制模型

选择复制出的第一个模型，在菜单栏中选择【修改】|【激活】命令，完成头部模型的激活。此时，复制出的第一个模型会变成绿色，如图 5-9 所示。

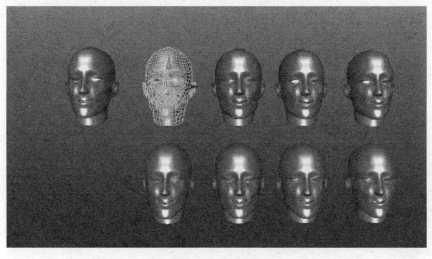

图 5-9　修改模型

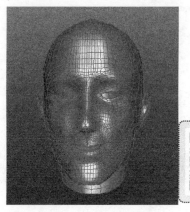

图 5-9　修改模型（续）

（二）在模型眼睛的部位创建 CV 曲线

在菜单栏中选择【创建】|【CV 曲线工具】命令，在打开的【CV 曲线工具】对话框中将曲线次数改为 1 线性，单击【关闭】按钮完成设置。在视图界面长按空格键出现空格键热盒，拖动鼠标左键至【透视图】处，将视图切换为透视图。然后在模型上的眼皮位置开始绘制曲线，如图 5-10～图 5-12 所示。

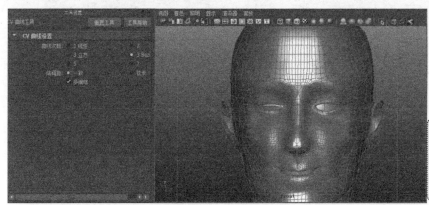

图 5-10　绘制曲线

图 5-11　绘制曲线

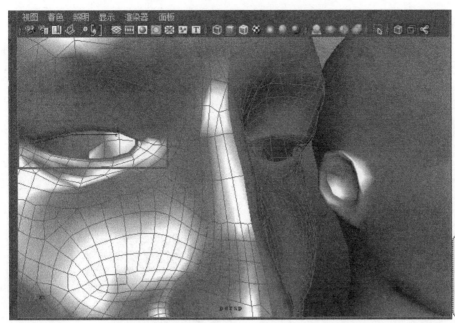

图 5-12　绘制曲线

（三）取消激活头部模型

在菜单栏中选择【修改】|【取消激活】命令，取消头部模型的激活。在工具栏中将【建模】模块更改为【动画】模块，在模型不被选中的状态下，在菜单栏中选择【创建变形器】|【线工具】命令，接着依次选择头部模型，按 Enter 键。再选择刚才绘制好的 CV 曲线，按 Enter 键。此时，线变形器已经创建完成。

为了方便控制新创建的线，可以在菜单栏中选择【修改】|【居中枢轴】命令，使线的坐标轴回归线的中心，如图 5-13 所示。

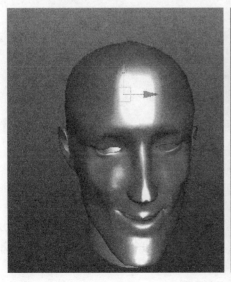
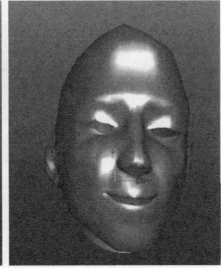

图 5-13　居中枢轴

（四）调整曲线控制权重

单击模型，在菜单栏中选择【变形】|【线条】命令，此时我们会发现，线控制的权重面积过大（绘制权重时，白色为控制区域，黑色为不受控制区域），如图 5-14 所示。

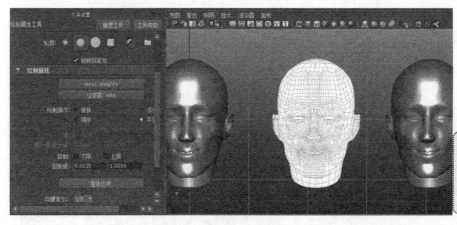

图 5-14　调整曲线控制权重

在打开的【绘制属性工具】对话框的绘制属性栏中将绘制操作改为替换，将值的数值改为 0，最后单击【整体应用】按钮，完成数据调整，如图 5-15、图 5-16 所示。

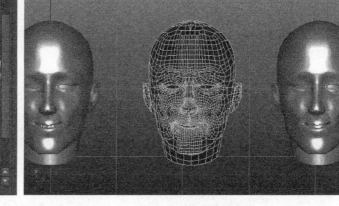

图 5-15　更改线条绘制属性　　　　　　　　　　图 5-16　调整数据

（五）绘制眼睛部位权重

在打开的【绘制属性工具】对话框中先将值改为 1，长按 B 键并滑动鼠标滚轮，可以调整笔刷大小。沿着上眼皮绘制最下边一层的权重，然后将值改为 0.5，绘制更加靠上部分的眼皮。最后在绘制属性栏中将绘制操作改为平滑，对刚才绘制的权重进行平滑处理，效果如图 5-17 所示。

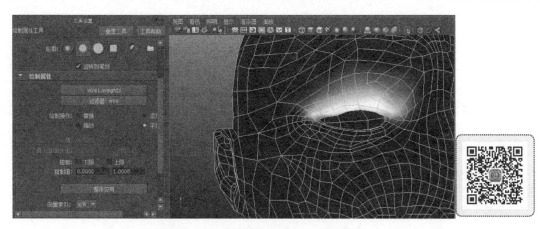

图 5-17　绘制眼睛部位权重

按 Q 键退出绘制权重模式，调节曲线测试最终效果，如图 5-18 所示。

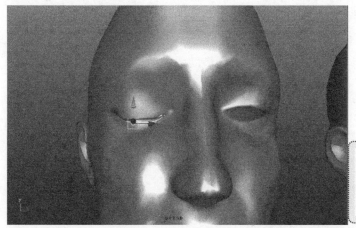

图 5-18　最终效果

同理，在第二个模型上制作左眼闭合，如图 5-19 所示。

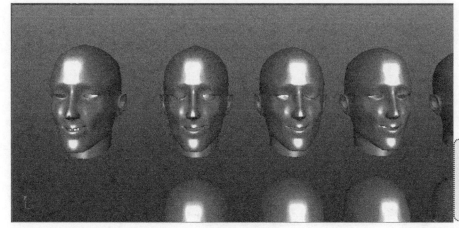

图 5-19　左眼制作

第三节　用簇制作鼻子表情动画

一、鼻子的表情规律

鼻子是人类五官中最能突出立体的器官，位于五官的中央，它的运动受到面部肌肉的控制，也受到其他器官的影响。人在不同情绪时，鼻头、鼻翼也会相应地发生变化。鼻头、鼻翼的变化可以看作鼻子的表情。

鼻子的表情种类可分为以下几种情况。

（一）鼻孔大开

（1）发怒、发脾气，表示非常生气时，鼻孔会由于喘气而大开。

（2）人跑完步时，需要进行大量的吸气、呼气动作，鼻孔会张得较大，大开大合。

（二）鼻孔紧闭

（1）闻到臭味或者刺激性的气味时，会借助手指将鼻孔夹起。

（2）不开心时，会有嘟嘴的时候，此时，鼻孔会收缩成椭圆状。

（三）鼻翼上翘

当人生气时，鼻翼会上翘，表示不满。上翘的幅度会随当事人的生气程度而定。

（四）鼻翼下垂

当人伤心、抽泣时，鼻子会先向下抽泣一下。

二、簇控制器制作表情动画步骤

（一）选点

单击复制好的第三个模型，长按鼠标右键出现右键热盒，拖动鼠标右键至【点】处，释放鼠标。然后长按鼠标左键框选鼻翼一侧的点，如图 5-20 所示。

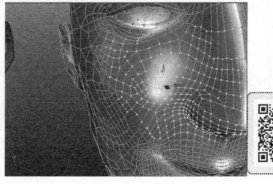

图 5-20　选择点

（二）簇

在菜单栏中选择【创建变形器】|【簇】命令，此时模型上会生成一个字母 C。选择字母 C 移动时发现鼻翼移动过于剧烈，这是由于权重分配不正确所导致的，如图 5-21 所示。

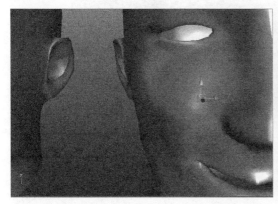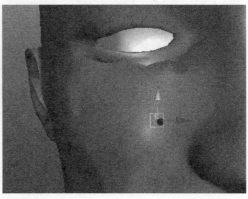

图 5-21　创建变形器

（三）修改簇（cluster）的权重

选中第三个头部模型，在菜单栏中选择【编辑变形器】|【绘制簇权重工具】命令，在打开的【绘制属性工具】对话框中将绘制操作改为替换，值改为 0。最后单击【整体应用】按钮，完成簇的权重设置，如图 5-22、图 5-23 所示。

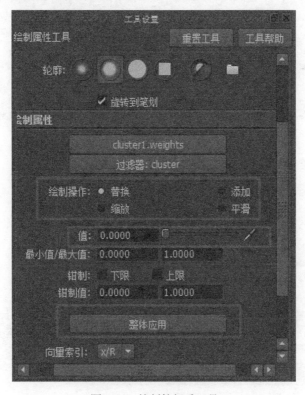

图 5-22　绘制簇权重工具

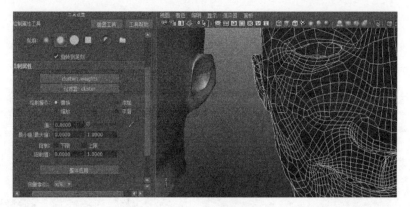

图 5-23　绘制簇权重

（四）绘制鼻翼权重

在打开的【绘制属性工具】对话框中将绘制操作改为替换，值改为 0。单击【整体应用】按钮，此时权重全部变为黑色。然后将值改为 1，开始绘制鼻翼的权重。最后将绘制操作改为平滑，对刚才绘制的权重进行平滑处理，如图 5-24 所示。

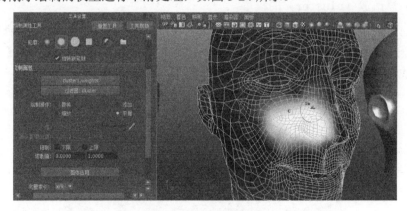

图 5-24　绘制鼻翼权重

（五）测试最终效果

最终效果如图 5-25 所示。

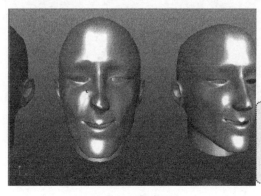

图 5-25　最终效果

（六）左侧鼻翼动画

在第四个被复制的头部模型中制作左侧鼻翼的表情效果，如图 5-26 所示。

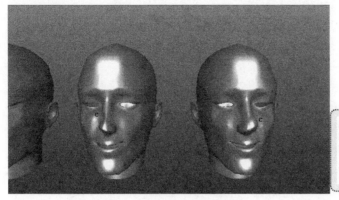

图 5-26　左侧鼻翼表情效果

第四节　用软选择制作嘴巴表情动画

一、基本口型

一般在动画片中的口型有以下几种，如图 5-27 所示。

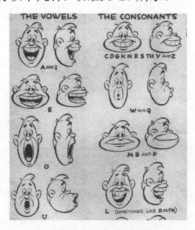

图 5-27　口型种类①

二、嘴部表情

嘴巴是人们进行发音、传达情感的窗口。它的运动也具有表情，有些人如下总结嘴部

---

① 图片来源：[美] Preston Blair.Cartoon Animation[M]，California：Walter Foster Publishing, Inc.1994：186-187.

的表情。

（1）两唇相合、不紧闭的状态——自然状态。

（2）两唇相合、口角稍向上的状态——欲笑未笑的状态。

（3）两唇相合、口角向上弯起——微笑的状态。

（4）两唇相合、口角向上弯起，但唇合而伸前——卖弄风情、取悦于人的姿态。

（5）努着嘴唇——不快、不愿、指示的暗示。

（6）两唇并紧——意志坚决、心思缜密。

（7）两唇并紧而收缩——生气、发怒的状态。

（8）唇微启，口角两端皆向下——沮丧失望，精神痛苦。

（9）唇微启，口角两端皆向下，头向下俯——极端失望。

（10）唇微启，口角两端皆向下，脸上多竖的纹路——屡次挣扎而屡次失败的悲痛。

（11）唇启，微露齿，下巴伸出——暴怒。

（12）唇启，微露齿，下巴更突出——充满了敌意。

（13）张开大口，露出上下齿——狂笑。

三、用软选择制作嘴巴表情

（一）选择嘴角周边的点

选择复制好的第二排第一个头部模型，长按鼠标右键出现右键热盒，拖动鼠标右键至【点】处，释放鼠标。然后再按 B 键点选嘴巴周围的点。按 B 键并滑动鼠标滚轮可以调整笔刷的半径大小，如图 5-28 所示。

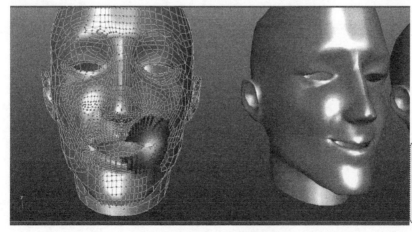

图 5-28　软选择制作嘴巴表情

（二）对称调节

调整嘴角和嘴巴的大小。在 Maya 应用程序左侧工具栏中双击【移动工具】按钮，在打开的【选择工具】对话框中将反射设置栏中的"反射"选项选中，反射轴改为 X，将模型中的点进行对称调节，如图 5-29 所示。

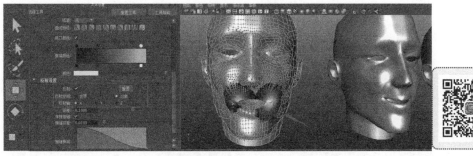

图 5-29　对称调节

（三）调节下巴

在打开的【选择工具】对话框中将软选择栏中的"软选择"选项选中，衰减模式改为表面。这样可以只调节上嘴唇或者下嘴唇部分的点而不会产生连带，可以更加方便地调节动作，如图 5-30 所示。

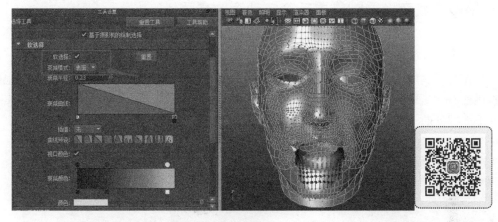

图 5-30　调整下巴

（四）细化嘴巴

嘴巴动画 POSE 的制作是非常丰富和细腻的。制作者可以尝试自己对着镜子表演嘴巴表情，从而对嘴部动作制作进行细化，如图 5-31 所示。

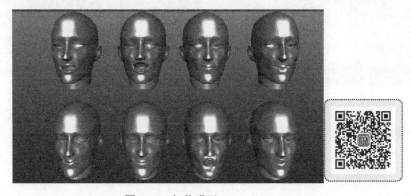

图 5-31　细化嘴巴

第五节　制作眉毛表情动画

一、眉毛动画的动作特点

　　眉毛动作是角色情感极为重要的体现。在制作动画时,应将眉毛看作一个整体来处理,但同时又要注意左右眉毛的不对称性。这看起来似乎很简单,但许多动画在制作中都忽视了眉毛的情感表达作用,使得制作出来的角色表情生硬,缺乏灵动与活力。

　　The Brows Pixar 动画师在制作眉眼动画时曾提出,最成功的眼眉动画是精心设计过的,具有好的 timing(节奏),同时拥有细微的运动。要注意眉毛上扬、下垂、向左、向右之间的区别,每个都有不同的意思。

二、用多个簇变形器制作眉毛表情动画的步骤

(一)选择眉毛

　　长按空格键出现空格键热盒,拖动鼠标左键至【前视图】处,将视图切换为前视图。长按鼠标右键出现右键热盒,拖动鼠标右键至【点】处,释放鼠标。然后长按鼠标左键框选眉毛前部分的点,如图 5-32 所示。

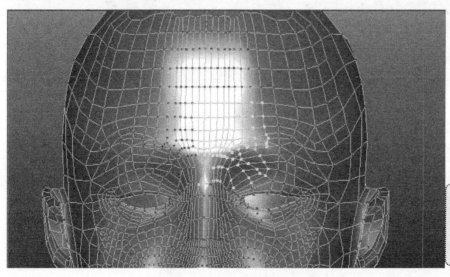

图 5-32　选择眉毛前的点

(二)创建变形器

　　在菜单栏中选择【创建变形器】|【簇变形器】命令,对框选的部分进行测试。我们会发现进行变形时存在问题,需要重新进行权重分配,如图 5-33、图 5-34 所示。

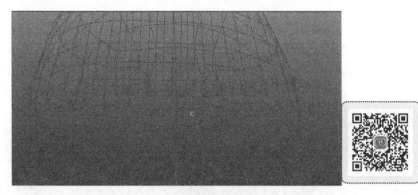

图 5-33　创建变形器

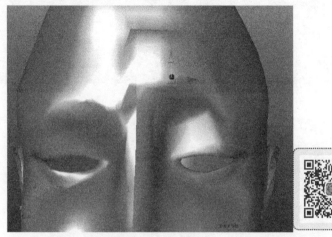

图 5-34　进行变形测试

（三）修改簇权重值

单击模型，在菜单栏中选择【编辑变形器】│【绘制簇权重工具】命令，在打开的【绘制属性工具】对话框中将绘制操作改为平滑，对权重进行平滑处理，如图 5-35 所示。

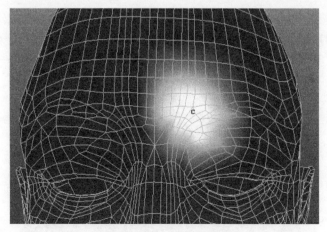

图 5-35　权重平滑绘制

（四）调整权重

选择眉毛中间部位的点，在打开的【绘制属性工具】对话框中修改绘制簇的权重。在绘制属性栏中单击 cluster10.Weights 按钮，随后在模型表面进行绘制，如图 5-36～图 5-38 所示。

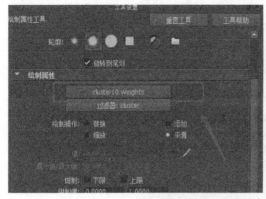

图 5-36　绘制属性

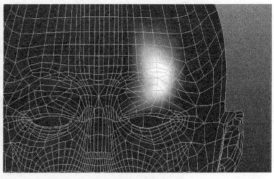

图 5-37　权重绘制

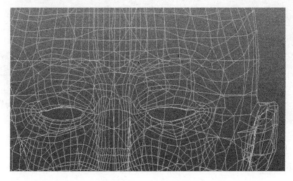

图 5-38　调整绘制

（五）创建眉尾的簇变形器

同理，选择眉尾的点，在菜单栏中选择【编辑变形器】|【绘制簇权重工具】命令，在打开的【绘制属性工具】对话框中修改值的大小，并再次进行绘制，使权重分配合理，如图 5-39、图 5-40 所示。

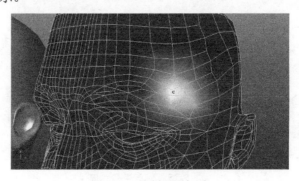

图 5-39　绘制眉尾权重

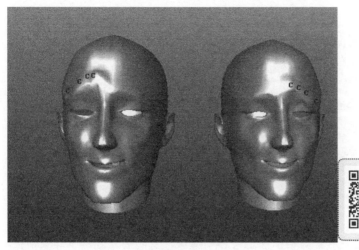

图 5-40 最终效果

第六节 创建面部混合变形

以眼睛为例，长按 Shift 键依次选择眼睛的目标体，最后选择基本体，如图 5-41 所示。

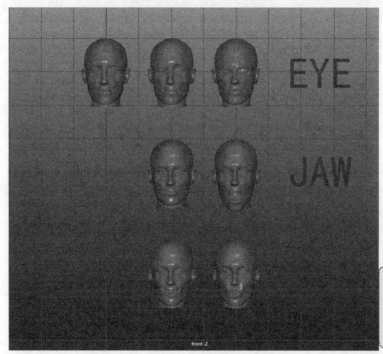

图 5-41 创建变形

在菜单栏中选择【窗口】|【动画编辑器】|【混合变形】命令，在打开的【混合变形】对话框中设置混合变形节点为 eye，如图 5-42 所示。

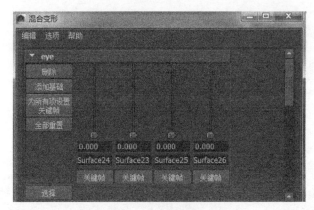

图 5-42　混合变形

在打开的【混合变形】对话框中上下移动滑块，我们会发现基本体表情会随着数值变化而运动，如图 5-43 所示。

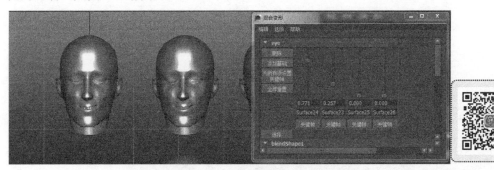

图 5-43　创建变形器

同理，长按 Shift 键依次选择嘴巴的目标体，最后选择基本体，在菜单栏中选择【窗口】|【动画编辑器】|【混合变形】命令，在打开的【混合变形】对话框中执行创建混合变形，如图 5-44 所示。

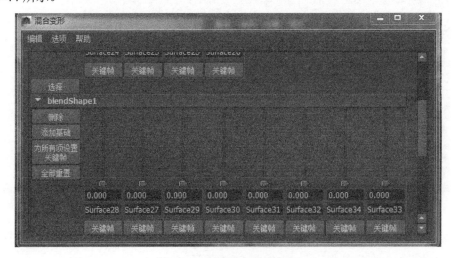

图 5-44　创建多个混合变形

同理，创建眉毛的混合变形，如图 5-45、图 5-46 所示。

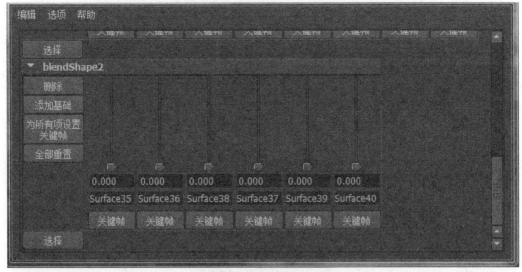

图 5-45　眉毛的混合变形器

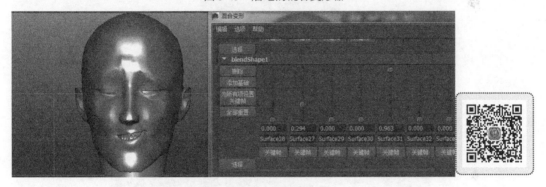

图 5-46　调节变形控制滑块效果

第七节　表情动画制作案例

一、惊讶表情制作案例

（1）细化表情。经过前几节的学习后，现在我们可以进行表情的细化处理。在菜单栏中选择【窗口】|【动画编辑器】|【混合变形】命令，在打开的【混合变形】对话框中调节眼睛变形控制滑块。

（2）对控制滑块进行命名。因为人物的表情并不是完全对称的，所以我们可以对相应的数据分开进行调节，如图 5-47 所示。

图 5-47　调节眼睛变形控制滑块

（3）设置下颌控制滑块调节，如图 5-48 所示。

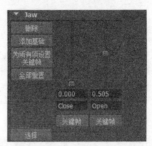

图 5-48　调节下颌控制滑块

（4）设置嘴巴控制滑块调节，如图 5-49 所示。

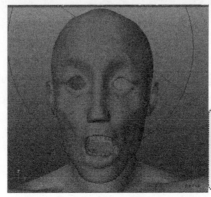

图 5-49　调节嘴巴控制滑块

二、坏笑表情制作案例

（1）眼睛的调节参数如图 5-50 所示。

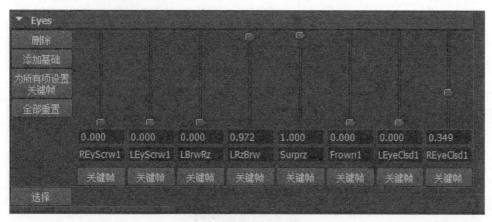

图 5-50　眼睛的调节

（2）下颌的调节参数如图 5-51 所示。

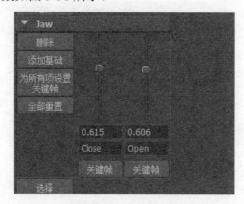

图 5-51　下颌的调节

（3）嘴巴的调节参数与最终效果如图 5-52 所示。

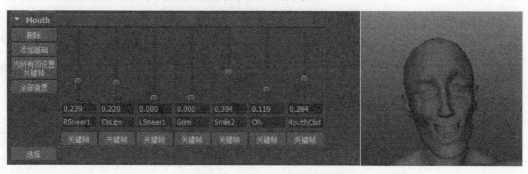

图 5-52　嘴巴的调节与最终效果

三、微笑表情制作案例

（1）眼睛的调节参数如图 5-53 所示。

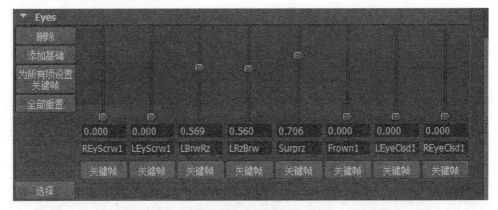

图 5-53　眼睛的调节

（2）下颌的调节参数如图 5-54 所示。

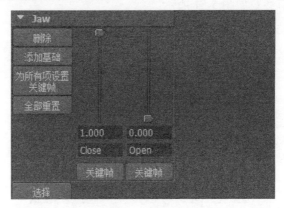

图 5-54　下颌的调节

（3）嘴巴的调节参数与最终效果如图 5-55 所示。

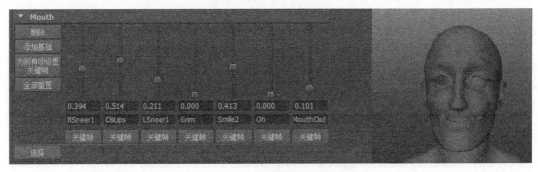

图 5-55　嘴巴的调节与最终效果

四、害怕表情制作案例

（1）眼睛的调节参数如图 5-56 所示。

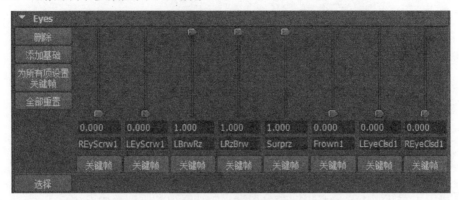

图 5-56 眼睛的调节

（2）下颌的调节参数如图 5-57 所示。

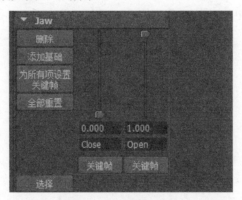

图 5-57 下颌的调节

（3）嘴巴的调节参数与最终效果如图 5-58 所示。

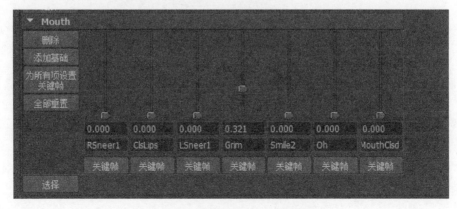

图 5-58 嘴巴的调节与最终效果

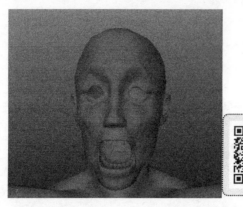

图 5-58　嘴巴的调节与最终效果（续）

 本章小结

　　本章节主要介绍了角色表情的基本原理、制作表情动画的基本方法及案例。本章节的内容是赋予三维角色丰富情绪的重要内容，是三维动画创作的重要组成部分，主要基于 CV 曲线、簇、软选择等方法进行了讲解。掌握了这些方法之后，还需要不断地探索和创新，才能创作出更具个性、更生动的角色表情。

　　大笑 1　　　　　　　大笑 2　　　　　　　激动　　　　　　　沮丧

参 考 文 献

[1] 查理德·威廉姆斯. 原动画基础教程[M]. 邓晓娥, 译. 北京：中国青年出版社, 2006.

[2] 刘楠. Maya 动画制作[M]. 上海：上海交通出版社, 2009.

[3] 莫林·弗尼斯. 动画概论[M]. 方丽, 李梁, 译. 北京：中国青年出版社, 2009.

[4] 贾否, 路盛章. 动画概论[M]. 北京：中国传媒大学出版社, 2005.

[5] 托尼·怀特. 动画师工作手册：运动规律[M]. 栾恋, 译. 北京：人民邮电出版社, 2015.

[6] 南希·贝曼. 动画表演规律–让你的角色活起来[M]. 王瑶, 译. 北京：中国青年出版社, 2020.

[7] 克里斯·韦伯斯特. 动画师生存手册：动作分解[M]. 薛蕾, 翟旭, 译. 北京：人民邮电出版社, 2017.

[8] Preston Blair. Cartoon Animation[M]. California：Walter Foster Publishing, Inc.1994.